JN173465

老農船津伝次平の農法変革論

田中 修 著

筑波書房

まえがき

本書は、「上毛カルタ」で謳われ群馬県の小学生以上の人ならば誰でも知っている郷土の偉人、老農船津伝次平について、日本農業・農学史研究の中では、養蚕や畑作の技術改良等を含め正当な評価を得ていない、との著者の考えをまとめたものである。また、従来あまり触れられていない船津の方法論（「率性論」等）についても、石井泰吉や斎藤之男等の先行研究を踏まえて検討し、著者の考えを示すと共に、船津農法の体系性（初歩的農法論）について明らかにし、その功績を分かり安く説明する必要性を感じたためである。

資料としては、船津が駒場農学校教師や農商務省甲部普通農事巡廻教師の時代に全国各地を回り農談会に出席し、講話や問答に応じた際の記録が各道府県編『農談筆記』や『巡廻講話筆記』として残されており、それらを利用した。

これらの資料を繰り返し読んで気づいたことは、船津は具体的な個々の技術的課題の解決に取り組みながらも、試行錯誤を重ね体系的な農業技術論による展望を究明・考察していることである。特に巡回教師時代には、農法変革の方法について独自の視点（「変化や改革」に注目）から、普遍的方法、即ち「農法発展の論理」を模索していることに気づかされた。

船津の考えや方法論を整理し、次に示す三点が重要であると考える。それは、第一に農法変革の方法と意識改革の視点、第二に農法論の視点、第三に有機農業の視点、の三視点である。これらの概念は船津の時代にはあまり明確ではなく、第一は実践・実証と認識の問題、第二、第三は改革推進のための方法論の問題であり、船津農法確立の意義・目的、特徴・性格、展望についての問題で、今日的視点からの船津への問いでもある。農事改良を効果的に推進するため、関係者の意識改革や農法論の確立のために試行錯誤を重ね、農法変革の展望を模索した船津の当時の立場や心境を理解する上でも重要なことである。

先行研究では、大西伍一は「明治の老農」としての評価を『日本老農伝』で、斎藤之男も「率性論」の独自理解を『日本農学史』で、石井泰吉も「科学的精神」を『老農船津伝次平翁伝』で論じ、それぞれ鮮明な問題意識をもって船津農法の究明を試みた。彼らは新時代に立ち向かう船津の立場や心境を考察し、船津の方法に真摯に問いかけ、それぞれ新しい船津像を描き出している。著者も新しい船津像を描くことに挑戦を試みたのであるが、結果は読者の判断にお任せしたい。

さて、著者が船津に興味を持ったのは大学で農学を専攻してからで、漠然とこの老農は一体何をしてこの様に有名になったのか、素直な疑問を持ち始めていた。その後、何度かこの老農の功績を調べる機会はあったが、資料も含め一定の壁に拒まれ、先に進むことは出来なかった。

平成十六年、「関西農書を読む会」の皆さんが群馬を訪れた折、郷土史家の柳井久雄先生と共に船津に関する報告の機会を得て、技術的に見た船津の功績について報告をさせて頂いた。しかし、それは先行の研究成果をまとめたもので、従来から自分が持つ問題意識に応えることは出来なかった。

平成十九年三月、群馬県庁を退職、少しばかり時間的な余裕が出来て、船津の研究を再開した。船津家にお伺いして見せていただいた『農談筆記』や『巡回講話筆記』等の資料をコピーして、また、県立図書館や県立文書館、国立国会図書館にも資料があることが分かり出来る限り入手し、その解読を進めたが作業は容易に進まなかった。

かつて、県史編纂委員会調査員（県農業試験場職員との兼務）時代に得た知識や資料を基に、柳井先生、畏友宮崎俊弥氏（共愛学園前橋国際大学名誉教授）のアドバイスも受け、日本農業経営学会や関西農業史研究会での報告や

『群馬文化』での発表論文を中心に、ここに何とかまとめることが出来たことに感謝したい。

また関西農業史研究会の徳永俊光教授（大阪経済大学長）を始め、研究会参加の諸先生方や東京農工大学名誉教授石原邦先生、茨城大学名誉教授中島紀一先生、宇都宮大学名誉教授津谷好人先生、放送大学河合明宣教授等にも適切なご指導を賜った。この場を借りてお礼を申し上げたい。

原稿作成に際し、校正等に協力頂いた曽我祥雄氏には感謝に堪えません。また出版事情の厳しい今日、この本の出版にご理解とご協力を頂いた筑波書房の鶴見治彦社長には、心から感謝申し上げます。

二〇一七年十二月

田中　修

目次

まえがき …… iii
第Ⅰ章　序論　船津伝次平の農法変革論 …… 1
第一節　はじめに …… 1
（補論１）駒場農学校 …… 3
（補論２）農商務省甲部普通農事巡廻教師 …… 4
第二節　先行研究の評価と方法論について …… 6
１　老農の方法、経験の蓄積と博識 …… 6
２　技術論的評価と実証試験の重視 …… 7
３　農事改良の方法、意識改革と「率性論」 …… 9
４　農法論的視点からの評価 …… 11
第三節　船津の農法変革論とその方法 …… 13
１　農法変革の方法と意識改革（心の改革） …… 13
２　農法論の視点 …… 16
３　有機農業の視点 …… 18

第四節　各章の要約（Ⅱ章以下）……21
1　Ⅱ章「船津農法」の確立と展開……21
2　Ⅲ章「底破法」と田畑二毛作論……24
3　Ⅳ章船津伝次平の養蚕法――経営・育蚕・栽桑……25
4　Ⅴ章まとめ――省略……26

第Ⅱ章　船津農法の確立と展開――意義・目的、特徴・性格……27

第一節　はじめに――本章の課題……27
第二節　農事改良から農法変革へ……28
1　在来農法の検証と農事改良……28
2　農事改良から農法変革へ……30
第三節　船津農法の確立と展開……42
1　船津農法と意識改革……42
（補論）作物病害と対策・改良について……44
2　農法変革の要因と船津農法……47
3　各論にみる船津農法――選種・育苗の重視と持続・有機農業的性格……52
（補論）船津農法の持続・有機農業的性格……58
4　独創的な論理展開に基づく船津農法……61

第四節　第Ⅱ章のまとめ……62

第Ⅲ章　船津伝次平の「底破法」と田畑二毛作論――土地利用方式・経営方式の視点……65
第一節　はじめに――本章の課題……65
第二節　船津農法と「田畑底破法」……67
1　船津農法の確立……67
2　「田畑底破法」の発明と畑作農法……67
3　「田畑底破法」と中国華北乾地農法……69
第三節　船津農法における畑二毛作論について……72
1　麦――陸稲……72
2　麦――里芋・甘藷・馬鈴薯等の重視……73
3　畑二毛作論と間作・中耕について……75
第四節　土地利用方式と経営方式……81
1　明治～昭和前期の畑作土地利用……81
2　農法の比較と土地利用方式……81
3　小農集約的多品目経営……83
第五節　第Ⅲ章のまとめ……85

第Ⅳ章　船津伝次平の養蚕法 …… 87

第一節　はじめに——本章の目的および課題 …… 87

第二節　船津農法と養蚕法 …… 90

1　船津伝次平の農事改良の功績と著作 …… 90

2　船津伝次平の養蚕法 …… 92

第三節　養蚕経営論 …… 94

1　養蚕経営 …… 94

2　農業経営論における養蚕経営の位置 …… 99

第四節　育蚕論（飼育技術） …… 101

1　『養蚕の教』にみる育蚕の要点 …… 101

2　岐阜県『農談筆記』を中心に …… 103

3　育蚕のまとめ …… 114

第五節　栽桑論 …… 115

1　栽桑技術の確立——岐阜県『農談筆記』と『栽桑実験録』を中心に …… 117

（補論1）『続養蚕新論』における品種の説明 …… 130

（補論2）『前橋市史』における桑品種の説明 …… 131

2　萎縮病対策と栽桑・肥培管理——『萎縮病予防問答』 …… 139

（補論）萎縮病の発病要因について……139
（補論）霜害予防法――『桑樹霜害予防法案』にみる……146
3　栽桑のまとめ……147
第六節　第Ⅳ章のまとめ……148
第Ⅴ章　まとめ……149
船津伝次平著書・資料・引用文献……157
あとがき……163

第Ⅰ章　序論　船津伝次平の農法変革論

第一節　はじめに

明治三老農の一人船津伝次平は、東京都北区飛鳥山公園の記念碑に「三老農の中に就きて技倆功績最も優れたる」と記載されており、大西伍一や石井泰吉には、「明治農業史上の明星」と高い評価を受けた。また多分野にわたる多くの優れた技術的功績や著作がある（注1）。しかし、従来、彼の農法や技術体系を正確に評価した人はほとんど無く、その存在意義が必ずしも明確にされてこなかった。

船津について、通説では普通農事全般に精通した優れた老農と評価されつつも、駒場農学校の農場教師として農学士らを育てた特別な老農として、また、在来農法に固守する在郷の老農に対しては、改革を推奨する農学校出身の農学士ら近代農学派の後ろ盾として、特別な存在の老農という評価があった。農商務省甲部普通農事巡回教師として、政府中枢の近くにいて政策推進の立場にあった人でもある。老農の中では比較的穏健な人物として、在来農法に明るく、これに科学的な泰西農法（西欧農法）の進んだ技術を受け入れ、混同農事研究会（注2）を設立したり、農商務省甲部普通農事巡回教師（以下、甲部巡回教師）として全国に農事改良を奨励した人、と理解されてきた。

しかし本書の著者は、この様な船津と彼の農法への評価、位置づけに対していささか疑問を感じてきた。特別な老農としての華やかな経歴や功績に対する評価、また実用性の高い優れた個別技術、代表的な著作物である『太陽暦耕作一覧』、『養蚕の教』、『桑苗簾伏方法』、『稲作小言』等に対する一定の評価は行われているが（注3）、これらの評価は部分的で「船津農法」の体系を正しく評価したものではないと考えるからである（注4）。

その理由は、従来、三老農の評価や日本農業・農学史の技術評価では、水田農業（水稲）中心に行われておりやや偏りがあったと考える。その意味で畑作や養蚕に対する顕著で独創的な船津農法の功績は、評価から外されてきた。また、従来、難解な老農とされながら、「船津農法」を正確に理解するための方法論等の研究が（注5）、あまり積極的に行われてこなかった。

そこで既存の船津の著作・出版物を再検討するとともに、従来あまり検討されていない駒場農学校時代、農商務省甲部普通農事巡回教師及び農事試験場時代に、各県で開催された農談会等へ出席し地域の篤農からの質問に応答したものを記載している各県編『農談筆記』や、各県編『巡回教師講話筆記』（以下『巡回講話筆記』）等を中心に検討・究明することで、船津の技術的体系や船津農法への接近を試みた。

究明の方法として、①農業変革の方法と意識改革の視点、②農法論（農業の生産様式論）の視点、③有機農業論の視点と、三つの視点をもって船津農法の究明を進めたい。これらの方法論や概念は、もちろん船津の生きた時代には確立されておらず、とくに、②や③の方法論は戦後著しく発展した農学研究の成果である。しかし、船津の著作や『農談筆記』『巡回講話筆記』を繰り返し読む内に、これらの視点や方法論を適用することにより船津農法を比較的容易に理解できると考えたからである。また①に関しても、従来から難解とされた「率性論」（中庸の「天命之謂性率性之謂道」）や船津農法の理解に役立つと考えたからである。

このような視点から検討・考察することにより船津農法の体系性、独創性を理解することが可能であり、その成果を明らかにし、意義づけを行ってみたい。それを一口で言えば、船津が在郷時代に経験・会得し、駒場農学校や農事試験場で実証された成果であり、また西洋農学・農法から学んだ新しい知見も一部加わり、さらに全国各地を回り視察した在来農法を基に実証的に検証され、体系化された農法（＝初歩的農法論）であること。これら体系技術の確立により、明治中期〜後期にかけて新しい土地利用方式・経営方式の原型が生まれ、関東地域では、大正・昭和初期を経て高度成長期以前まで見られた小農集約的多品目経営や稲麦・養蚕複合経営につながったということである。

（補論1）駒場農学校

明治政府は、維新後、殖産興業、北海道開拓等の指導者養成のため、士族の子弟の教育を目的に二つの農学校を設け、高額な報酬で外国人教師を雇い入れた。北海道開拓のため明治九年開設された札幌農学校（明治五年開拓使仮学校、明治八年札幌学校が前身）ではクラークを筆頭とするアメリカ人教師が雇用された。明治十一年四月内地の農業や畜産振興のため開設された駒場農学校（明治七年農事修学場が前身）では、最初イギリス人教師が中心に雇用され、二年後から実学重視のためドイツ人教師に順次替わった。駒場農学校では日本人でただ一人農学特秀者として群馬県から推薦された船津伝次平が本邦農業教師として採用された。

駒場農学校の実学重視の精神は[注6]、明治十九年東京農林学校を経て、明治二十三年帝国大学農科大学へ、同大甲科、乙科、同大農業教員養成所を経て、それぞれ、東京帝国大学農学部（現東京大学農学部）、昭和十年東京高等農林学校（現東京農工大学）、昭和十二年東京農業教育専門学校（同二十四年東京教育大学農学部を経て、現筑波大学農林学類）へ順次独立した大学に受け継がれた。

（補論2）農商務省甲部普通農事巡廻教師

明治十年以降、国や県の働きかけや民間の篤農家らの啓蒙により農事改良の気運が高まり、全国各地に農談会等が開催されるようになる。常設の農談会のような役割をはたすものとして明治十四年大日本農会が設立された。これ以降も農談会などの開催による農事改良の気運は一層高まるが、その方法はさまざまであった。国は農事改良の内容、方法の統一を図り、速やかにその成果を高めようとして、明治十八年農事改良の巡廻教師制度を設けた（注7）。

巡回教師は甲部と乙部に分けられ、甲部は農務局員であり、乙部は地方の「実業者中老練にして名望ありて学理に通する技術者であった」［38］とある。これをさらに分けて「普通農事、および養蚕、製糸、製茶、糖業、害虫、牧畜の各業務ごとに設ける」とし、甲部普通農事巡廻教師には農務局の技術者として船津の他に沢野淳（駒場農学校卒二回生）、酒匂常明（同校卒二回生）がなった。この制度は明治二十六年農事試験場が設立されると前後して廃止となった。

（注）

（1）明治三老農とは、船津伝次平（群馬県）、中村直三（奈良県）、奈良専二（香川県）の三者を言う。中村死後は林遠里（福岡県）が加わる。東京都北区飛鳥山公園に彼を讃える記念碑（明治三十四年）があり、品川弥二郎撰文、横井時敬草稿と言われている。生家近くには、農学博士横井時敬書の「贈従五位船津伝次平翁贈位記念碑」（大正八年）がある。柳井久雄『老農船津伝次平』上毛新聞社［46］。

（2）船津の混同農事研究と普及について、通説では折衷農法の意味で使用されている場合が多いが、混同農事の本来の語源の由来はmixted farming（＝有畜複合経営の訳）や「輪栽式農法」である［48］。船津が泰西農業の有畜複合経営や優れた技術から学び、これを「混同農会」（研究会）を開催し一部受け入れたことと、在来農法と折衷した意味の「混同農業」（＝折衷農法）を確立した説との誤解がある。通説では船津が在来農法と西欧農法を折衷した意味の「混同農業」を確立し、この農法を巡回教師として全国に普及したとの理解が多い。しかし船津が実際に巡回教師として普及した農法は内容的には在来農法を検証し一部改良したものが中心である。荒幡克己［48］三四三～三六二頁、田中『本著』Ⅱ章を参照。

（3）船津の代表的著作の中で比較的長文で体系的な技術を語るものとして『稲作小言』［7］や『栽桑実験録』［6］等在るが、何れも分かりやすい説明と深い分析で農事改良の方向を洞察している。田中『本書』Ⅱ章、Ⅳ章を参照。

（4）農学系の研究者、技術者の評価では、大西伍一、石井泰吉、岡光夫、斎藤之男、須々田黎吉、内田和義、荒幡克己らがいるが、その内、特に認識や実践方法、農法的視点からすると大西、石井、斎藤、荒幡の四者は注目すべき指摘が多い。大友と柳井は農業研究の専門家ではないが、的確、丁寧に船津農法の技術的特徴を指摘している。柳井は沢山の資料を紹介しながら総合的に人格と教育、研究姿勢を紹介している。Ⅱ章参照。

（5）方法論的に注目されるべきは石井泰吉で、船津の功績の科学性を認めており、石井は科学的精神や試験方法、係数化等実証的姿勢について触れている。斎藤之男は船津の「率性論」（「天命之性謂　率性之謂道」）、「温気論」、「植物の変生論」について触れ、船津の内在的な論理を究明、独自の実践論的な解釈を行っている。荒幡は、船津の博識な技術的知識を土地利用方式・経営方式と結合させて、船津の農法変革論に着目した。田中『本著』Ⅱ章、Ⅲ章参照。

（6）駒場農学校の開校とその後の展開について、斎藤之男『日本農学史』［38］一四三～一五六頁参照。札幌農学校については、北海道大学文書館資料を使用。

（7）農事改良の巡回教師制度について、石井泰吉『船津伝次平翁伝』［37］六八～六九頁、柳井久雄『老農船津伝次平』［46］一八六頁。

第二節　先行研究の評価と方法論について

船津農法の農法変革の方法論については、従来、特に科学的認識という面では、地域農家の目線での緻密な観察、具体的な試験方法の改良、比較データの係数化等については高く評価されているが、方法論の整理の視点から順次検討してみたい。

1　老農の方法、経験の蓄積と博識

大西伍一は『日本老農伝』[33] で、船津が経験の蓄積と博識から農説（小論文）を論ずる習性があることについて、次のように触れる。

①自分（船津）は学者、農政家でなく実業家と称し、抽象的概念を説くこと無く、農事を説くも実際的実用的で、「数理を愛する科学者的性質」に基づくとする。

②形而上学的、抽象論は少ないが、「率性論」では、船津が林遠里らとの論争で中庸を引用、林が「天性に率〈したがう〉」（循也）と解釈したのに対し、それでは時には悪い性にも従うことになると、船津は「天性を率〈ひきいる〉」（将也）と解釈し、人間は「第二の造物主」であるから悪い性は改良できると実践的主体性を強調しているとする。

③『巡回講話筆記』では農業総論（＝ドイツ語 Allgemeine Landwirtschaft の日本語訳使用か）にも触れ、植物の生長と「日光・温度・肥料」の関係、「植物の生長及び腐植並に肥料効用の説」や肥料の三要素（外来学説）等について具体的に語っている。

④船津の農法は「自然の性を率いる」説を利用し、植物変化の要因を明治二十一年静岡県『巡廻講話筆記』で「土質、花粉交接、気候及び培養手術等なり」[17]と説き、四年後の滋賀県『巡廻講話筆記』では「気候、土質、肥料、花粉、人工」[23]の五つとする。

⑤農家経営については、多角経営を論じている。

⑥「農事改良の大意及び実行の方法」で、農事は「風土気候等の宜きに従ひ実施するを専一とす」として共有試験田の設置（適地・適品種）を奨めている。

以上、大西は船津の諸説（注1）を検討し、「その大部分は客観的妥当性を有するものとするも、詮ずるに船津農学であり、船津農法である」として、そこには「農学説として体系立つた所論は何等見いだすことは出来ない」[33]と科学性を否定する。当時（昭和八年）の時代的制約、科学的認識論や農法論的視点等の欠如からすれば、こうした大西の説はやむを得ないことであり、船津について、「明治農業史上の明星」と老農としての評価に留まる。

2　技術論的評価と実証試験の重視

石井泰吉は、船津の多くの資料を丁寧に検討し幼少期を含め時期を四区分し、功績については三期に分ける。すなわち在郷時代、駒場農学校教師時代、農商務省甲部巡回教師・農事試験場時代に区分し、各期の著作・業績を具体的詳細に検討し、明治二十年頃の『巡回講話筆記』の内容について、その科学（技術）的・実証的姿勢を高く評価する。

具体的には①在来農法の非科学性、農地制度の不合理を論じた農業改良汎論、②「率性論」を論じた農業改良の本質、③植物変化論、④植物病理、⑤肥料、⑥農事協同論及び協議試験田法、⑦農作物試作表および直枠坪刈用法の編著等についての評価である（注2）。

科学性について、技術の評価を行う場合に実証的試験や測定方法（⑥の協議試験田法等、⑦の農作物試作表、直枠坪刈法等）の厳格化、指標の係数化等については具体的に論じている。しかし、農法論的視点の欠如から「率性論」や「植物変化論」等についての論理性、指摘項目の相互関連性があまり明確に論じられていない(注2)。石井も大西の言葉を引用し「明治農学（ママ）史上の明星」と評価する。

大友農夫寿は、船津農法とその特性をまとめ、①腰だめから係数化へ、緻密で精農主義、②「性を率いる」農法とし、林遠里農法を「性に従う」農法として批判、③適地適作、地域に適合した技術指導を徹底、④新しい学説も受け入れ、横井時敬の塩水選を支持、「船津式混同農法」、⑤婦人の担当である食物調理試験も積極的であった、とコンパクトに特徴をまとめている。しかし腰だめから係数化、緻密で精農主義等の評価は、石井の指摘とほぼ同等でそれ以上のものはない(注3)。

柳井久雄は、船津が寺子屋の師匠、関流和算・算学の免許取得者であったこと、教育者（寺子屋の師匠）・技術者として、科学的精神や学問・研究への意欲的姿勢を持っていたこと、また船津の農業技術改良の具体事例や農事講話への積極的姿勢について説明し、石井、大友と同様な評価をしている(注4)。

岡光夫は、船津の技術的独創性に着目、船津の業績はたくさんあるとしている。なかでも独創的業績は四点あるとし、①桑苗簾伏方法、②田畑底破法、③協議試験田の試み、④小農経営の防衛、を挙げている。しかし、岡は技術の独創性を評価しながら、農法として技術の体系性や方法ついて踏み込んでいない(注5)。

以上、石井他三氏の船津評価は、在来技術の改良や精緻化、一部欧米先進技術（土壌・肥料学）から学んだこと等、科学性を評価しているが、各氏とも農業技術論的な指摘以上の言及はない。

なお注目すべきは、その担い手を自作中農に求め、その根拠を船津家の家訓「田畑を多く所有すべからず、また多く作るべからず」や「農業は雇人二名、馬一匹にて営み得るぐらいを度とすべし」を挙げて、船津の技術的精農主義を説明している（注6）。船津自身は担い手について、農学校等で近代農業教育を受けた地主の子弟等の自作化を説き、自作中農の精農主義を論じている。

3　農事改良の方法、意識改革と「率性論」

斎藤之男は、船津農法を理解する上では、彼の思想的要諦として「率性論」（「天命之謂性　率性之謂道」）と、これから派生する技術的要諦として「温気説」「植物の変生の説」があることを認識しておかなければならないとする（注7）。すなわち船津の「率性論」では、「対象（動植物）が変化し…変化しつつあること」、「人間は第二の造物主にて良く物の性を率ヰ従えて自己の好都合を工夫」する存在物であることを述べ、「主体と客体における変化の認識が含まれている」ことを指摘している。斎藤は「変化」について、客観的に「変化する」と主体的に「変革する」の両面からとらえて、その転換に注目している。

また「温気説」では「植物は気候・土質・肥料・花粉交配・人工（接木のごとき）の五つの要因」によって変化させられるとする「植物変生の説」を説いていると指摘している。すなわち船津は、農事改良の要点の教示として、「温気説」では前三者の要因を基本観念とし、そして技術的には「『温気』の作用に注目を促し冷温寒暖の交替を」、苗代の水管理や蟹爪による除草等により具体的に説明する。かくして船津にあっては、「農業の改良は「温気」の理を把握した上で、植物の変生の説に弁えて対象の「性を率いる」ことが肝要」とする。注目すべきは「性を率いる者としての技術主体の積極的な行動を強く押し出している」点にあるとする。斎藤は、さらに船津農法論の科学性について、以下の二点の展開を示している。

第一に「技術の主体は常に経験を随伴する」と説く点についてである。船津は、学理と実業（経験）とは対立するものではなく、その関係はむしろ合い補った「第二の造物主」たる人間の絶えざる変化（＝発展の起動力は経験の蓄積）であって、それによって創造力は発揮できると考え、経験の側から理の探索を説くとする。第二は「試験の重視、試験は農事改良に不可欠」とする点である。例えば塩水選では、簡単に賛成せず、自ら時間をかけて実証し最後は全面的に賛成したとする。

以上二点、社会科学の実践、自然科学の実証試験については、いずれも理論（仮説）と実践・実証の関係であり、その統一を図ることが、科学的証明の基本であると指摘する。

そして斎藤は、船津は「意外に難解な老農」であるが、しかし「明治以降現実に展開した農業技術の軌道をすでに明治前半期の時点で画いた」（注6）と、船津の洞察力と先見性を高く評価している。「率性論」や「温気論」の発想については、歴術や和算の修学と何らかの連繋関連があると考えられ、また大胆にこれらの思考を提示したのは先人の諸農書の読解に傾かず先入見に拘束されなかったからであろうと語る。

斎藤は、農法論的な視点は明確にしていないが、船津の農事改良の方法、即ち「率性論」、「温気論」「植物変生の説」について、その内在的な論理展開を詳細に検討し、実践や経験の蓄積から船津農法の科学性の証明を行っている点が注目されるところである。

内田和義は、船津の稲作技術を中心に『農談筆記』や『巡回講話筆記』を検討しその集約技術を評価しているが、中庸の「率性論」については、太宰春台の『聖学問答』や『紫芝園国字書』（いずれも『中庸』の「率性」論に関係する解釈について）の資料・文献を検討した結果、太宰が「性を率いる」と読んだ事実は見あたらないとし、船津は太宰の権威を借りて林攻撃のために中庸を引用し、事実を「作為」したと批判する。内田の見解は、船津が『巡回講話筆記』等で「率性論」を引用した本来の意図について全く言及がなく、一面的な批判となっている（注8）。

4 農法論的視点からの評価

荒幡克己は、船津農法を初めて農法論的に究明・考察した。すなわち土地利用方式・経営方式の変革の視点から船津農法を究明し、その体系と農事改良の本質に迫ろうとして、次の六点にまとめた。船津の経営方式変革論は、①里芋、甘藷栽培の改良の取り組み（普通作物全般と幅広く関心）、②田畑底破法、③養蚕奨励、男子の仕事としての養蚕、④畑作における農事改良、水田の乾田化による二毛作、⑤農道改良、区画整理の推進と牛馬耕の奨励、⑥経営多角化、を目指していると指摘している（注9）。

土地利用方式・経営方式を中心とした荒幡の船津農法の体系的解明は卓見であり、技術の体系性、実体解明に大きく貢献した。船津が推進した個々さまざまな具体的技術の改良、これによる成果は土地利用方式、経営方式の変革（小農経営の多角化）へと結実し、その目標や到達点が具体的に明確化された。

それは、高度成長期以前の関東農業に広く見られた「稲麦・養蚕複合経営」（群馬・埼玉）や「小規模集約的多品目経営」（茨城・栃木・千葉県等）の原型であったと思われる（注10）。

有機農業的視点では、斎藤萬吉が、船津を実践と学理の両者を重視する「テーア流の人」として尊敬しているとし、「今日では農業の事とさえ言えば、一切リービッヒ流に限る如く」（実験室農業）と思われているが、「日本今後の農業界には、テーア流の人が要用」（農家や農業の現場を重視）である、とする斎藤の評価に注目したい（注11）。船津の方法は、実践的（経営）で、現場重視の農法や農業姿勢に全くブレがなく、地力や経営の持続性、循環型農業の方法が注目される。

（注）

（1）船津の農事改良の手法や農法の難しさの背後に「率性論」があることを指摘する人は多い。「率性論」の重要性を最初に説いたのは大西伍一［33］である。大西伍一は、船津が経験や実証の蓄積から法則化し、「率性論」、「植物変生論」等、諸説を説いたことは認めているが、これらを科学的方法論として評価出来なかった。

これは、大西の手法には時代的制約（昭和八年）や、科学的認識論や農法論的視点の欠落が要因であると思われる。

なお専門用語「農業総論」は、Allgemeine Landwirtschaft＝アルゲマイネ・ランドビルトシャフト、ドイツ語の日本語訳の可能性がある、訳語で農業総論、または汎論。また「植物変化の要因」について明治二十一年静岡県［17］、明治二十六年滋賀県［23］参照。

（2）石井泰吉は、船津の方法論を科学的に認めているが、試験方法や調査手法、指標の数量化等の自然科学面に限られており、社会科学の方法、認識論や実践論、農法論的視点の科学性が論じられていない。従って「率性論」についても、農法論的視点の欠如等から、関連項目との相互関連性の認識が欠けている。『日本農業発達史』［34］、『船津伝次平翁伝』［37］参照。

（3）大友農夫寿『郷土の人船津伝次平』［36］。

（4）柳井久雄『老農・船津伝次平』［46］。

（5）岡光夫『日本農業技術史』［45］。

（6）船津の集約技術と農業の担い手との関係、即ち精農主義については船津家の家訓を根拠として石井［34］［37］、大友［36］、柳井［46］の三氏が触れており、岡［45］の場合は船津の「小農集約的改良技術」の性格から独創性と小農経営の防衛として評価している。

（7）斎藤之男は、船津の「率性論」や「温気論」「植物の変生の説」等を詳細に分析・検討し、その思想的背景、内在的関連性を分析・考察する。斎藤之男『日本農学史』［38］二〇〇～二〇九頁参照。

また、斎藤は、船津の「率性論」（性を率いる）には「対象に対立を見ない」、「妥協性を持っていた老農」との評言がある、と言う。つまり、船津は内在的な論理の改良・発展を意識していることから、問題の解決に対象間や外部との摩擦があまり生じないと指摘する。具体的には農具の優劣比較における主体的能力問題、泰西農業と在来農業における混同農事の確立等、また地主と小作の農地問題の解決では、小作人は資力が無く農事改良の意欲が無いので、地主の農業従事と小作人の保護指導、を説く。斎藤『前掲』［38］二〇九～二一〇頁。以上の指摘は、科学性に関する展開論三点の内二点目であるが、内在化された要因の関係を、船津の性格と結びつけて論ずるのはやや恣意的で、斎藤には弁証法的認識と論理学の視点が明確でない（著者）。

(8) 内田和義『日本における近代農学の成立と伝統農法』［50］。

(9) 荒幡克己『明治農政と経営方式の形成過程』［48］。

(10)「船津農法」確立の意義、到達目標と成果に関しては、土地利用方式・経営方式の変革と関連があり、高度成長期以前の関東農業「小規模集約多品目経営」にその特徴が見られる。本著の第Ⅲ章を参照。田中修『農業経営研究』［52］。荒幡克己『明治農政と経営方式の形成過程』［48］、田中修『稲麦・養蚕複合経営』［47］、永田惠十郎『空っ風農業の構造』［42］参照。

(11)「テーア流の人」上野教育会『船津伝次平翁伝』［32］六五～六六頁参照。A・D（アルブレヒト・ダニエル）・テーア（一七五二～一八二八）、ドイツの農業経営学者、著書に有機農業のバイブルと言われる『合理的農業の原理』上・中・下、相川哲夫訳・農文協二〇〇七～二〇〇八年［59］がある。

第三節　船津の農法変革論とその方法

1　農法変革の方法と意識改革（心の改革）

船津の著書は『桑苗簾伏方法』、『養蚕の教』、『里芋栽培法』、『稲作小言』等に代表される。何れも非常に分かりやすい内容で、チョボクレ節（一定の節回しをつけた語り）と言う伝承手法を用いて、新たな農業技術を農民や養蚕婦人へ伝えようとする農事改良の取組はよく理解でき、その意味で船津農法の一局面について窺い知ることができる。ただこれらの著作は平易で具体的、分かりやすく単独で完結しているため、船津農法の体系性や意義、目的、その本質について踏み込んで読み取るには無理がある。

しかし『農談筆記』、『巡回講話筆記』においては、全国の篤農からの農事に関する多数の質問を受けこれに対して、船津は具体的でかつ体系的に明解な回答を行っており、単なる博識というだけでは説明不可能と思われる面もあり、その理論的方法論的な根拠について明確にする必要がある。また船津農法の難解さについても、林遠里の農法批判も含まれるとされる「率性論」の理解をめぐっても、従来の説明で納得できるとは言い切れない。

さらに全体として、船津農法の意義や到達目標がどこにあるのか分りにくいとされてきた。「船津農法」の体系性や論理はどのようなものか、その意義・目的とするところ、到達目標は何であるのか。このことは農業技術論研究者としての著者の長年の問題意識であり課題であった。

著者はこの点について、①『巡回講話筆記』における講話のテーマ項目と内容の検討、②問答における作物別等各論の整理と検討、③平易に書かれた船津の著書の読み直しなどから研究を進めた。船津を直接知る酒匂常明や横井時敬、斎藤萬吉らの評価にも注目してみた。稲作については『稲作小言』の主張と酒匂や横井の稲作研究との関係が緊密であることが分かり、選種・育苗、持続性を重視する有機農業的性格では、斎藤萬吉の「日本のテーア」という評価にも注目した。

船津は明治二十二年の神奈川県『巡回講話筆記』で農事改良を効率的に進めるため、「巡回講話」の課題を「推敲」して三項目に絞り、その第一に「植物の性質（変化）を了知する（以下単に「知る」も使用）」、第二に「気候を農業に活用する」、第三に「肥料の製造並活用について」としている。また農法論的視点から作物変化の要因を「気候、土質、肥料、育種（交配）、人工（接木等）」の概ね五つとしており、この五つの要因の中から重要と思われる三要因「気候、土質、肥料」を選んで論じている。なお後に気候と土質は整理され、両者は土質（土地＝自然）として一体化し、二要因に整理された。

農事講話の第一項目として「植物ノ性質（変化）を了知する」を第一に取り上げた意味を考察してみるが、この場合に植物＝作物又は農業（後に畜産含）と置き換えることができる。船津はここで作物の変化・改良について語りながら、人間の意識改革（心の改革）をも説いている。農業は実業でありその目的は、良品質の作物を沢山生産し金を儲けることにあるとし、そのために作物の性質を良く知らなければならないとする。作物は本来自身の持つ生命力や自分を守るさまざまな能力を持っており、人間はこのことを良く知った上で良質な作物生産のため優良な種苗の確保を行うとともに、育種（交配）や人工（接木）等により作物の改良を進めることができるとする。

船津は、人間は「第二の造物主」（神の代理者）、即ち改革の主体者としてその役割を努めてきたし、権利を持っている（西洋思想の影響か、著者）ことを、「率性論」で展開する。彼は中庸を引用し「天性を率（ひき）いる」と主張し、林遠理の「天性に率（したが）う」とする理解を批判する。また彼は、当時、学者、研究者は学理のみに励み、農業者は実践のみに励む状況にあり、両者を統一する者が真の改革者であるとし、そのため関係者の意識改革（心の改革）の重要性を第一に説いた。つまり作物（農業）の変化、改革を人間の変化、意識改革（改革の主体者）と重ねて語っている（注1）、と考えられる。

さらに農業や作物の変化について、船津の見解はここで終わっていない。作物の性質を変ずるには、「土質と気候と肥料と、花粉の交接と人工（接木等）と概ねこの五つ」の要因が関係していると述べている。また、作物の病気の軽重の原因にも「土質、気候、肥料、手入れ（管理）」の四つの要因が関係しているとも触れている。つまり作物や農業の変化を、その要因に求めて分析、考察しており、その科学的認識法、実践方法の斬新さには驚かされる。

例えば選種における種籾の塩水選などは、非常に有効な科学的方法で、植物の良質な種の確保に有効なばかりでなく、遺伝的病気の予防にも効果的であるとする。変化についても、発展（正の変化）と病気などによる後退（負の変化）も含めて検討する科学的で実践的方法である。

以上整理すると、農業の具体的な作物レベルの変化・発展を、「土質（季候含）、肥料、育種（交配）、人工（接木等）、手入れ（管理）」の五つの要因に置き、特に「土質（気候含）、肥料」を、基本にして変化を論理的に実証、解明しようとする。これは土地利用方式、地力再生産機構を重視する農法で、著者は船津農法を「初歩的農法論」と考える。それは、今日の農法論（農業生産様式論）の初歩的形態と考えることができ、農法論の究明や近代農学の形成においても重要な意義を持つと思われる。船津は作物各論からも分析、考察を進め、船津農法の確立を図った。

2　農法論の視点

農法論的な視点について、船津に関する従来の研究は、郷土史家によるものや農業史・農学史家によるものが少なくはない。これらによる研究成果は船津に一定の評価を与えているが著者の納得のいくものではなかった。もちろん従来の研究者の中でも、農業技術史研究者の中には船津の技術成果を部分的に取り上げ、その独創性を高く評価する者もあったが、体系的な評価はなかった。

さて農法論については、加用信文により生産力・技術的視点から見た農業の生産様式（経営方式）論と定義されるが、生産様式論としての農法論研究は、江島一浩により深められ、その成果である農法の三範疇論、即ち土地利用方式（作付順序含）、地力再生産機構、労働様式が確立された（注2）。この視点から、船津農法を考察してみると、船津の時代には農法論（農業の生産様式論）の視点や概念は無かったと思われるが、船津農法の中に「初歩的農法論」的な考察を見て、従来の農業技術論的な評価を越えた新しい評価が可能であると考える。

作物（農業）変化の要因、即ち土質、気候や作付順序（船津の場合は作付前後作を重視）等を含む概念を＝土地利用方式とみなすことができる。また地域資源も含む各種肥料の製造並利用の概念を＝地力再生産機構としてとらえる。人工（改良技術）、手入れ（管理）等を含む作業労働や技術の概念を＝労働様式（労働手段の未発展から論理的にはこの概念は説明不十分であるが）に適応させて考える。このことにより、船津農法が分かりやすくなる。

船津は、作物の性質を変化させる要因もまた変化することを述べている。その重要な要因である土地については、土質のレベルの比較では砂土や壌土、砂壌土などの分類や、暗渠排水や「底破法」による深耕の効化など土地改良による変化についても触れており、土地要因も変化・発展することを論じている。肥料についても各種素材（金肥含）の効能、良質堆肥の製造方法や使用法、さらに作物残渣や落葉・野草・秣等地域資源の活用による土壌の膨軟化（物理的改良）や、地域循環・持続性も含め地力再生産機構の検討を論じている。

農法論を、農業の生産様式（経営方式）論、農法の三範疇（土地利用方式、地力再生産機構、労働様式）として論ずる加用・江島の農法論は、近代農法の発展段階論を緻密に検討するには極めて有効な方法である。

しかるに地力再生産機構の中心となる江島の地力論等では、有機農業（環境に優しい地力）との関係があまり明確にされておらず、このことを含めた農法論の究明が現時点で課題とされている（注3）。船津農法では、土地利用方式、地力再生産機構の他に、有機農業の視点が明確にされており、農法論的に病害の軽減化や地力や経営の持続性が論じられている。そこで、有機農業の視点を方法論的項目に加えて、次に検討する。

3　有機農業の視点

船津農法の特徴、性格の解明には、さらに有機農業的視点からの検討が必要であり、そのため船津農法の確立期に近い巡回教師時代後期（明治二十四年）から農事試験場時代（同二十六年以降）の『巡回講話筆記』の内容の検討・究明が重要である。船津の時代には、有機農業の概念は無かったと考えるが、化学農薬、化学肥料の無かった時代であるからこそ、農業発展の方向を実践する姿勢、方法は、今日の有機農業（無農薬、無化学肥料、土づくり重視）に取り組む人々にとって、学ぶべき点が多くあるものと思われる。

その特徴は、品種選定では土地条件や地域環境を重視して適地適作・適品種を説き、決して船津は、無条件に特定の品種が優れているとは言わなかった。選種や育苗を重視して健康な種苗による「種半作」・「苗半作」的な考えを守った。そして薄播き・疎植で、中耕・培土等の集約的肥培管理により作物本来のもつ活力・生命力を可能な限り導き出すこと、さらに地域資源の有効活用等に見られる持続・循環型農業に近い性格のものであることが分かる(注4)。

有機農法的視点からすれば、船津が全国的な農事改良に活躍した明治十年から三十年頃（一八七七～九七年）は、欧米ではダーウィンの『種の起源』（一八五九年）が出版され、イギリスの輪栽式農法の発展を踏まえてドイツではテーア（一七五二～一八二八年）の有機農法が注目されるが、これを否定するリービッヒ（一八〇三～七三年）の化学農法の台頭時代を迎えており、日本に初めてこれら西欧の農学が浸透した時代である。

テーアは、農場経営の経験から、農業の持続性は地力の維持向上にあり、地力は「腐植（フムス）」と言う有機物が植物の養分であると「有機栄養説」を説き、その循環と均衡を説いた。腐植は、堆厩肥の施用によって圃場に補給されるが、腐植を増やし地力を高めるため家畜の舎飼いによる堆厩肥の生産を奨励した。また飼料作を取り入れたイギリスのノーフォーク式輪栽農法（持続的農法の代表的事例）のドイツ国内への普及を図った。

斎藤萬吉は船津に対して「日本のテーア」と評価したが、船津農法は作物変化の基本要因を「土質（気候含）、肥料」に置き、土地利用方式、地力再生産機構を重視する考え方からしても、極めて適切であると言える。

科学に対する姿勢として、船津は、当時の有機農法（現場の農業）も化学農法（実験室の学理）も対立的に理解するのではなく、謙虚に学ぶ姿勢であった[注5]。しかし実際の対応では、船津は全くブレることなく現場農業（環境含）を重視する姿勢で一貫していた。今日、近代農学農法の著しい発展とその後の反省の上で、有機農業（農業の持続・循環性）への期待・注目が高まる中、ドイツではテーアが注目されているのである。

本稿では、以上の諸視点を踏まえ、船津農法の体系性と本質的意義の解明に努めるとともに、船津の業績評価についても検討を試みるものとした。

（注）

（1）意識改革に注目、科学的認識と実践的な方法について、船津は「変化」（知る・学ぶ）、「変革」（実践する）を重視する。近代認識論では、「存在の合理性」（ウェーバー）が説かれ、ヘーゲルは「絶対理念」と弁証法で「矛盾」を指摘する。「存在する矛盾」と「矛盾の止揚（解決）」として「変革」を重要視することがマルクス弁証法で説かれている。哲学は「世界を解釈することでは無く、変革すること」（マルクス）である。

船津は中庸からの引用の「率性論」で、林遠里批判を行っているが（林の理論的土俵に乗る意味もある）、船津の本意は、「作物の性質（変化）を了知する」に例えて、科学への信頼と農家や研究者ら関係者の意識改革（心の改革）を第一に重視し、在来農法から科学的農法への改革を目指したものと思われる。このことを重視して船津は、農政（政策＝心を労すること）と農業（実業＝力を労する）の区分の際、孟子の言葉「心を労する者は人を治め力を労する者は人に治められる」を引用するが、この言葉に重なる部分として「心を労する者」（＝主体性・意志）がある。Ⅱ章参照。

元々読書数は少ない船津が特定の学説・思想や人物に傾倒したとは思われないことから、船津は多くの経験や実践の中で、独自の認識論・実践論を習得したと思われる。このことから「変化を知る」から「変革する」への飛躍（客体から主体への転換）を発見したと思われる。

（2）加用信文の農法論は農業生産様式の発展段階論を重視する。加用信文『日本農法論』［39］参照。江島一浩は加用農法論を深め、農法論の三範疇を指摘する。江島一浩「農業経営と農法論」『農法展開の論理』［41］参照。

なお、著者（田中）は農法の言葉の定義について、本著では農法＝一般に農業の方法（技術的）、農法＝船津農法（初歩的農法論）、農法＝農業の生産様式論（農法の三範疇、土地利用方式、地力再生産機構、労働様式と、段階的発展論を重視）の三つの意味で使い分けている点に注意されたい。

船津は、「植物の性質を了知する（知る）」・「植物の性質変化を了知する」で変化の要因を五つ、「気候（土質含）、肥料、育種（交配）、人工（接木技術等）、手入れ（管理）」とする。植物＝作物又は農業を意味する、と理解とすると農法発展の要因としての農法論の初歩的形態と考えることができる。

（3）中島紀一は、江島の地力論（地力・肥力）は「土壌生物への認識が極めて弱い」とし、加用・江島農法に替わる土壌生物を主役とする農法の組立を模索している。中島紀一「土壌有機物の農業的意味」『秀明自然農法ブックレット』［63］十四頁。

江島の地力論（広義の地力論＝豊沃度）は、地力（狭義の地力、可吸態の作用力と受容力）と肥力（可吸態養分と養分素材）とから成るとし、土壌構造の物理的、化学的機能に主眼がおかれ、土壌微生物の役割も認めるが物理的・化学的機能の説明に限定されている。豊沃土・肥力・地力について、江島『農業経営』［54］七七～七九頁。「農業経営の地力概念」『日本の地力』［53］三二〇～三三一頁参照。

田中は、農地（地力）は人間の働きかけ方により順次高度化し発展する生産手段・生産装置であり、農地は物理的機能（狭義の地力）、化学的機能（肥力）、微生物的機能（環境に優しい）を有する総合的生産装置（広義の地力）と把握する。土壌生物等の環境への積極的役割を評価する農法論や地力論の時代にある。田中『食と農とスローフード』［61］七〇～七一頁。

（4）これらの特徴についてはⅡ章にて触れている。拙著「老農船津伝次平農法の研究」『群馬文化』［51］参照。
（5）今日における有機農業の課題について、特に環境、土壌微生物、土壌有機物と作物の根の働き等について、日本有機農業研究会編『基礎講座・有機農業技術』［49］参照。

第四節　各章の要約（Ⅱ章以下）

以下各章の読み方と要旨に触れておく。

船津は明治初期（明治二十二年頃）の段階で、船津農法（初歩的農法論）を確立、農商務省甲部普通農事巡回教師として全国各地を回ってその農法を説いた。その過程で、明治以降の農業の技術を展望し、田畑二毛作や桑園管理法を説き、経営多角化や複合化を奨励した。高度成長期以前（明治末〜大正期・昭和初期）の関東農業の小農集約的多品目経営、稲麦・養蚕複合経営等にその影響をみることができる。

1　Ⅱ章「船津農法」の確立と展開

従来、船津の功績に対する評価は、水田農業（水稲）に関するものが中心であったので、畑作、養蚕も含めた体系的技術評価を行う必要がある。甲部普通農事巡回教師時代の『巡回講話筆記』における船津農法（初歩的農法論）確立期を中心にその意義・目的、および特徴・性格を検討、究明した。

農事改良から農法変革へ

船津は、在来農法（田畑作農法）や泰西農法等から学び農事改良を効率的に推進する目的のため船津農法を確立した。甲部普通農事巡回教師として全国を回り農法変革を説いたが、その実際の内容は、在来農法の実証的に検証されたものやその船津独自の改良技術に関するものが中心であった。

船津は、学理や特定の思想についてはあまり論ぜず、多くの地域の篤農の質問に具体的に応答している。その理論的背景、基礎となるものが、船津農法（初歩的農法論）で、船津が経験や実践から学んだ農業発展理論である。しかし、この船津農法について船津自身はあまり明確に論じていない。著者は従来からこのことに興味を持っていた（田中修『群馬文化』［51］）。

農法変革の方法と意識改革

船津が『巡回講話筆記』で第一に重視したのは、人々の意識改革であり科学的な認識や実践的姿勢についてである。まず「植物の性質（変化）を了知する」では、科学の力を借りて作物の性質（変化）を良く知り、改良を図ることを重ね、人間も変化を知り、意識改革を図ることの重要性を指摘する。このことを中庸の「天命之謂性　率性之謂道」で表現したと思われる。孟子の言葉「心を労するものは人を治め、力を労するもの（実業家）は人に治められる」と意識（心）の改革を第一に重視し、旧慣に捕らわれない科学的な認識、「変化を知る」こと、主体的に実践的姿勢で実業の「改革」を推進することを強調した。

船津農法の確立と意義

船津農法は「作物培養論（作物変生の説）」が中心であり、作物の性質を変化させる（変化＝培養・改良等）要因は概ね五つとする。五つの変化の要因とは「気候、土質、肥料、育種、人工（接木等）」である。また作物の病気の軽重については四つの要因、「気候・土質・肥料・手入れ（管理）」が関係しているとも述べている。

船津が『巡回講話』で、特に重視した作物変化の基礎要因は「気候、土質、肥料」の三つで、後に整理されて「土質（気候含）、肥料」の二つとなり、これに技術要因の育種、人工、手入れを加え変化の要因は「土質（気候含）、肥料、育種（交配）、人工（接木等）、手入れ（管理）」の五つとなる。基礎要因の二つ「土質（気候含）、肥料」は、理論的に深められ農法論の土地利用方式、地力再生産機構に相当するものと考えられる。

船津農法の特徴と性格

船津は選種に注目、蚕の微粒子病と西欧の顕微鏡検査の予防対策を知り、選種を重視し健全良質な種苗の確保に努めると共に、各種作物の病害予防対策にも努めた。

船津は稲麦を始め各種作物において選種・育苗を重視（「種半作」・「苗半作」）、薄播き・疎植に努め、「上根と下根」の生長に注目した。薄播き・疎植で上根の発達した苗を育て、中耕・培土、除草の集約管理による上根の発達により品質・収量の向上、安定生産を目指した。また、在来農法は「浅耕、少肥」であり、その弱点が夏季の旱魃・旱害であることを知っていた。

その農法の性格は、今日の有機農業に通ずるものがある。各種地域資源の活用による優良堆肥の製造を説き、その有効な活用を図り、土壌環境や地力並に、農業経営の持続性を重視し、持続・循環型農業の発展を目指した。

2 Ⅲ章「底破法」と田畑二毛作論

高度成長期以前の関東農業に見る「稲麦・養蚕複合経営」や集約的多品目経営、麦—陸稲・甘藷・里芋・落花生等の畑における土地利用方式の確立に、船津農法の足跡が見られる。

「底破法」と田畑二毛作論

船津農法の目標及びその到達点とするところは、「底破法」（深耕）と畑二毛作論（「間作・中耕」）の結合［52］により、新しい商品作物の導入に際し、単品技術ではなく畑二毛作の体系化技術として土地利用方式・経営方式の変革を目指した。

船津農法では、在来農法の英知の結集を図る。従来の農法は、浅耕・少肥の農業、上根の発達による収量向上、生産安定のため小農技術として伝承されてきた。その特徴は、手鋤や鍬による夏作の中耕・培土、除草、麦の鎮圧、土入れ・培土、上根の保護等による技術結合にある。

畑間作二毛作は、麦の立毛中に新しい商品作物の播種・移植を行い、麦—陸稲・里芋・甘藷・馬鈴薯・茄子・落花生等の畑二毛作において実施した。畑間作二毛作は、麦刈取り後に中耕・培土、除草による夏作の上根を守る農業で、浅耕である。そこにおける大きな弱点は、旱魃に弱いこと。それをカバーする深耕技術「底破法」は、四～五年毎に実施する、旱魃に対応できるより安定した技術の確立であった。

田畑作「明治農法」の確立

船津の畑二毛作論は、畑夏作（中耕・集約）＋「底破法」（深耕）＝「耐旱性、集約・深耕」農法の確立であり、畑作も含めた「明治農法」の確立と言える。

熊代幸雄は、間作二毛作と手鋤・手薅耕による中耕が、畜力耕や輪作の未展開の規定要因になっていると指摘、その典型的な土地利用として「麦―大豆」、「麦―甘藷」を指摘し、日本における近代農法を「亜輪栽式農法」〔38〕と規定する。これに対し船津の「農法変革論」は、土地利用方式・経営方式の変革を目指したもので、水田における乾田・馬耕、深耕・多肥農法、水田二毛作化に対応する「耐旱性、集約・深耕」農法であり、「底破法」と結合した畑間作二毛作論である。高度成長期以前に関東農業等にみられた、畑多品目経営や稲麦・養蚕複合経営の原型であると考えられる（永田恵十郎編著〔42〕）。

なお「底破法」用の農具として船津は「楓鍬」を挙げているが、これに匹敵する手鋤の深耕用具として関東では他に柄鍬、野州鍬などがあげられる。なお船津の時代、安定した近代犂は発明されていない。安定性のある近代犂の登場は、明治三十三年の松山式双用犂の発明を待つことになる。

3　Ⅳ章船津伝次平の養蚕法――経営・育蚕・栽桑

船津の養蚕法は養蚕経営論、育蚕論、栽桑論と、養蚕法全般に亘る体系的なものである。

商業的農業の先進事例としての養蚕経営論では、船津は技術や市場価格の不安定性から、養蚕経営については複合経営や多角経営を推奨、経営のリスク管理にもしばしば触れている。

育蚕では糸繭生産のための飼育法として清涼育を説き、それまで種繭用の黄繭種「青白」等（輸出に適した）に替えて比較的飼育し易く繭糸の解舒しやすい白繭種の「小石丸」「青熟」等を推奨した。稚蚕期の乾燥剤に粟糠、籾殻を使用、壮蚕期には竹簾を使用し蚕病対策を重視した。糸繭生産は、種繭生産との比較を意識した飼育法であり、国内製糸業の要望や発展を重視している。船津の育蚕法は、清涼育を主張しているが稚蚕期の低温時、華氏六十五度（十八・三℃）以下の場合には、加温を認めている。むしろ高山社清温育等の近代折衷育に近い。

栽桑では、簡易で経済的な簾伏方法を始めとした各種育苗法を検討・究明、「上根の発達した苗が良質苗」であることを説く。また桑樹を桑園において普通作物同様に栽培するための仕立法や肥培管理法「土用布子に寒帷子」（夏季には根元を土で覆い、冬季には根を寒気に晒す）を確立し、明治中期以降、群馬県や養蚕先進各県で蔓延した桑樹の萎縮病対策において顕著な成果を上げた。

なお、Ⅳ章船津の養蚕法に関しては、Ⅱ章船津農法の確立と展開、Ⅲ章「底破法」と田畑二毛作論のまとめた後に取り組んだ。方法論的には前二章に比較しあまり難しい問題はなかった。しかし、養蚕が商品生産農業の先進経営事例として、早期に国際市場や技術競争に晒されたこともあり、これに対し船津は養蚕経営安定のため多角化、複合経営化を推奨した。

船津の養蚕法研究は、時期的には『桑苗簾伏方法』（明治六年）［2］や『養蚕の教』（明治八年）［4］は在郷時代に、『岐阜県農談筆記』（明治十五年）［10］、『栽桑実験録』（明治十六年）［6］は駒場農学校時代と比較的早期にまとめられている。残念なことに「農商務省甲部普通農事巡回教師」時代には、専門制の壁により「栽桑」に限定されてしまう。しかし、商品生産農業として先進的に発達した養蚕についての船津の養蚕研究（養蚕経営論・育蚕論を含）は、彼の農業経営論研究に大きな影響を与えている。

4　Ⅴ章まとめ——省略

第Ⅱ章　船津農法の確立と展開――意義・目的、特徴・性格

第一節　はじめに――本章の課題

本章では、船津の在京時代の活躍・業績、特に農商務省甲部普通農事巡回教師、農事試験場時代に全国を回り巡回指導した際に作成された各道府県編『巡回教師講話筆記』（以下『巡回講話筆記』）について注目する。『巡回講話筆記』には船津の農事講話及び多くの地域篤農家との問答記録が残されており、在来農法の検証から農事改良、その効率的な推進のための方法や「率性論」について述べられているものの、従来その内容についてあまり検討されていない。本章ではこれらの資料に基づいて、「率性論」等の検討、さらに体系的、論理的に整理された船津農法（初歩的農法論）確立の意義・目的とその背景、及び特徴と性格を究明する。

先に結論に触れれば、『巡回講話筆記』に見られる船津農法は、当時の状況から農事改良を効率的に推進するため、まず「植物の性質（変化）を了知する（知る）」では作物の変化・改良と重ねて、人間の意識改革（心の改革）を重視することを第一とし、その上で農法変革の要因を「土質（気候含）、肥料、育種（交配）、人工（接木等）、手入れ（管理）」の五つとし、中でも土地利用方式、地力再生産機構を基礎として、自然・土地条件、選種・育苗及び作物の根の生長と施肥法等を重視した、水稲、畑作物一般、桑・養蚕も含めた体系的な田畑作農法として把握していることである。

船津の活躍した時代、もちろん化学肥料や化学農薬は無く、有機質肥料が中心であり、選種・育苗を中心とした健全な種苗による薄播き・疎植による作物本来の生命力を活かす栽培法で、適地適作・適品種、有機質肥料の製造並びに施用法や地域資源活用・地域循環体系の重視、耕耘・中耕による土壌環境の変化と作物の根（上根・下根）の発達状況に注目したことから、船津農法は、今日の持続型・有機農業に通ずる性格のものである。

第二節　農事改良から農法変革へ

1　在来農法の検証と農事改良

明治維新後、新政府により殖産興業が推進され、日本の農業は主穀中心の生産から商業的農業の発展、栽培作物の多様化が急速に進んだ。しかるに次第に稲作と養蚕が中心の農業方向へ進むことになり、この両者に精通した船津の役割は極めて重要であった。

明治政府の初期農業政策である欧米型大規模農業の模倣、先進技術の移入に対し、明治十年頃から全国各地で老農による農事改良の取組の再評価が見られた。当時の稲作生産力水準は近畿や四国、九州など西日本地域が先進地であり、船津を除く明治三老農、中村直三（奈良県）＝中村の死後林遠里（福岡県、追加）、奈良専二（香川県）らはいずれも西日本の稲作先進地の出身である（注1）。これに対し、船津は稲作の後進地の東日本であり、水田の少ない田畑複合地域の群馬県出身である。ちなみに群馬県は畑作養蚕の先進地であり、船津は養蚕と稲作の両者に精通した老農という意味で重要な立場にあった。

船津の洞察は明解であり、養蚕の代表的な著作として、『桑苗簾伏方法』（明治六年）において短期間に合理的に多量の桑苗を増殖する方法を考案している(注2)。また『養蚕の教』(明治八年)では、養蚕を女性の内職から男性の仕事として誰にでも分かりやすく説明、養蚕に対する意識の高揚を図った。稲作では『稲作小言』(明治二十三年)を著した。これは塩水選の導入による適切な選種・育苗、肥培管理・水管理の徹底等、稲作栽培技術の要点を農家に分かりやすい「チョボクレ節」で解説した力作である。さらに船津の功績は、稲と養蚕ばかりでなく『太陽暦耕作一覧』に見られるように、普通作物や農事全般、果樹、林業も含む農家の年間作業暦の作成、その他に調理や農産加工まで広範に亘る(**第1表**参照)。船津は、博識で豊富な実践経

第1表　主要『著作』、「改良技術」、「試験方法」等

作物・項目	著作名・技術名・試験方法名
養　蚕	◎『桑苗簾伏方法』(明治6年)、◎『養蚕の教』(明治8年)、○『岐阜県農談筆記』「栽桑・養蚕経営・育蚕」(明治15年)、◎『栽桑実験録』(明治16年)、○「栽桑全般」(明治15～29年)、◎『萎縮病予防問答』(明治31年)
稲・麦	○「陸稲品種」(明治15～29年)、◎『稲作小言』(明治23年)、○稲・麦「栽培法・選種等」(明治15年～)
芋・豆類	◎『里芋栽培』(明治6年)、○「里芋栽培」(明治15～28年)、◎『甘藷栽培と貯蔵法』(明治6年頃)、○「甘藷苗移植・栽培法」(明治15～29年)、○「馬鈴薯品種・作型・栽培」(明治17～28年)、○「落花生栽培」(明治19～28年)
蔬　菜	○「なす・大根・人参栽培」(明治15～26年)、○「甘藍栽培」(明治22年～)、◎『韮栽培法及効用』(明治30年)
果樹・茶	○果樹「実生、接木、栽培法」(明治17～21年)、○「茶栽培」(明治17～21年)
林　業	○佐倉炭(明治6年頃)、○樹木「実生、接木、栽培」(明治19年)、○「秣場整備」(明治21年)
土質・肥料	○「肥料の製造並活用」(明治19年～)、○「土質・土づくり」(明治22年～)、○「二毛作」(明治19年～)
調理加工	○炊飯・調理法等(明治25年～)、○漬物(菜・大根・馬鈴薯)(明治26年～)、○缶・瓶詰(豆・芋・牛蒡)(明治26年～)
土地改良等	○農道・区画整理(明治19年～)、○「土地改良」(明治21～29年)、○田畑「底破法」(明治24年～)
農機具等	○農具の話(明治26年～)
農学全般	○「作物病虫害」(明治15年～)、◎『太陽暦耕作一覧』(明治6年)、◎『農家の薬』(明治12年)
試験法等・普及法	◎「協議試験田法」(明治21年～)、◎「直枠坪刈用表」(明治28年)、◎「チョボクレ節」(明治6年～)

注：◎船津の著書、○『農談筆記』・『巡回講話筆記』に掲載。柳井久雄『老農船津伝次平』上毛新聞社(1989)、石井泰吉『船津伝次平翁伝』群馬県農業会議編(1965)参照。

験や事例検証から実用技術の改良や課題の究明を目指した(注3)。

従来、三老農の功績評価は、主に水田農業への貢献からみてのものが中心であった。これに対して船津農法は、稲作・養蚕を始めとして田畑作一般に亘り幅広い分野において実用的な改良技術を論じている。また実証に基づく現地検証や正確な科学的試験方法、チョボクレ節など農民に対する大衆的教育姿勢についても注目されるが、これらに対して正当な評価が与えられていない。

船津自身がまとめた著作は、その殆どが地域や時代の要請に応えた農業・技術問題の解決書であり、実践の書として極めて明解・簡潔に書かれたものが多い。しかし、農法や農学の専門性、学理・方法についてはまとまった形であまり語られていない。このことが船津農法が、その専門性・体系性の面で理解され難い要因であるとも思われる。

(注)

(1) 西村卓は「明治十年全国農産表」より全国の反当収量を比較し、「老農時代」の稲作技術の普及は、生産力の高い近畿・西日本から生産力の低い東日本へ「西から東」への普及であることを指摘している。西村卓『「老農時代」の技術と思想』[55] 二八頁。

(2) 岡光夫は船津の独創性に着目し、中でも①桑苗簾伏方法、②田畑底破法、③協議試験田法、④小農経営の防衛、を挙げ①②の技術の独創性・経済合理性を評価する。岡光夫『日本農業技術史』[45] 三〇五〜三〇七頁。

(3) 農業面における船津の技術研究・教育・普及等総合的評価は、石井泰吉『日本農業発達史』[34]、石井『船津伝次平翁伝』[37]、柳井久雄『老農・船津伝次平』[46]、大友農夫寿『郷土の人船津伝次平』[36] 等を参照せよ。

2　農事改良から農法変革へ

前述のように船津農法、農業技術体系を理解するためには、船津が農商務省甲部普通農事巡回教師の時代に各道府県・郡農会等で農事改良を推進するため行った巡回講話と問答をまとめた『巡回講話筆記』にヒントがある。

船津は駒場農学校時代から全国各地へ農業視察、農事講話の要請に応え出張しており、その回数は駒場農学校時代一五回（明治十一年四月～十九年三月）、巡回教師時代五六回（同十八年八月～二十六年八月、駒場農学校兼務七回、農事試験場兼務五回を含）、農事試験場時代四八回（明治二十六年四月～同三十一年三月）、合計一一九回、延べ一五三道府県、沖縄を除く全国ほとんどの道府県に及ぶ。なお重複期間は兼務である（注1）（**第2表、3表参照**）。

本書では、船津農法や技術体系の確立等を扱う関係から、便宜上駒場農学校時代のものを『農談筆記』、巡廻教師時代以降を『巡廻講話筆記』（以下『巡回講話』とも）と区別する（注2）。

第2表　船津伝次平の各時代別出張数

駒場農学校	年次	明治11	12	13	14	15	16	17	18	19年	小計
	回数	1	0	1	3	3	4	3	(1)	(6)	15
巡回教師	年次	明治18	19	20	21	22	23	24	25	26年	小計
	回数	1	6	3	3	6	9	7	16	5	56
農事試験場	年次	明治26	27	28	29	30	31年				小計
	回数	7	9	9	13	6	4				48
合計	回数										119

資料：船津の「辞令写」より作成。但し出典：柳井久雄『老農船津伝次平』上毛新聞社、1989年（兼務期間は巡回教師時代に含）。

第3表　船津伝次平が農事講話・視察で出張した道府　単位：回

地方	道府県回数							計
東北・北海道	青森3	秋田1	山形1	岩手1	宮城2	福島2	北海道1	計11
北陸・東山	新潟3	富山1	石川2	福井2	長野3	山梨3		計14
関東	茨城1	栃木9	群馬26	埼玉14	東京14	千葉9	神奈川9	計82
東海	静岡4	愛知3	三重2	岐阜3				計12
近畿	京都2	大阪1	奈良2	滋賀2	兵庫2	和歌山1		計10
中国・四国	岡山5	広島2	鳥取1	島根1	山口2	徳島1	香川1	計16
	愛媛2	高知1						
九州	福岡1	佐賀1	長崎1	大分1	熊本2	宮崎1	鹿児島1	計8
合　計								153

資料：船津の「辞令写」より作成。但し出典：柳井久雄『老農船津伝次平』上毛新聞社、1989年。
注：１回の出張で複数県を回ることもあり、出張回数より道府県の数が多い。

（1）『巡回講話筆記』の変遷

『巡回講話筆記』についても船津農法確立過程や理論的完成期を知る上で、初期・巡回教師時代（明治十八～二十二年）、中期・巡回教師時代（明治二十三～二十六年）、後期・農事試験場時代（明治二十六年～三十一年）に区分する。

初期・巡回教師時代（明治十八～二十二年）

明治十九年七月鳥取県『巡回講話筆記』の講話項目をその目次から検討してみよう。

「目次　同行官演述の大要、船津巡回教師演述の大要、肥料の説、瓢箪の乾燥法、質問応答（一〇二件）」[14]。

船津は、明治十八年八月に駒場農学校教師在職のまま甲部普通農事巡廻教師に任命されるが、翌十九年四月に駒場農学校との兼務が解かれ、農商務省甲部普通農事巡廻教師として専任となる。同年七月鳥取県『巡回講話筆記』目次の同行官演述の大要には、当時、鳥取県の農事改良の取組状況が語られており、非常に興味深い。

農事改良の巡回教師制度は農商務省と地方の甲乙二部があり(注3)、鳥取県では林老農（林遠里）を乙部巡回教師として任命しており、その巡回指導により既に稲作では農事改良が取組まれていた。今回（明治十九年七月）、初めて船津伝次平が、因伯二州（鳥取県）に甲部巡回教師として指導に来たので「主として畑作につき充分に質問し遺漏なからしめ其尽きるに至て稲作に移られん」[14]（鳥取県）と、県は両者の指導内容の調整を図っている。この時の船津演述の冒頭「船津巡回教師の大要」では、自己紹介が中心で簡潔なものである。

次に、明治二十二年の群馬、神奈川、長野の各県『巡回講話筆記』について触れてみよう。

明治二十二年二月群馬県『巡回講話筆記』

「目次　演説の部　一植物の性質を了知する事、二気候を農事に応用する事、三肥料の製造及用法の事、質問応答部（二一一件）」[18]。

明治二十二年七月神奈川県『巡回講話筆記』

「目次　演説之部　教師巡回之旨趣、一植物の性質を了知する事、二気候を農事上に応用する事、三肥料製造並に用法を知る事、質問応答之部（二〇〇件）」[19]。

明治二十二年九月長野県『巡回講話筆記』

「目次　講話の部　講話の序言、第一植物の性質を了知し特に種子に注意すへき事、第二農事と気候との関係の事、第三肥料の製造及用法の事、第四余話、質問応答（一五七件）」[20]。

船津の農事講話の主要項目は、明治二十二年頃に整理されたと思われる。明治二十二年四月神奈川県『巡回講話筆記』冒頭の「巡回教師之旨趣」では、「農事に進歩を加ふるには　学問の力を以て実業を取扱ふ先導者」があるべきとする。そして真の指導者について「農学に心を労し実業に力を労し　心と力と二つなから労し以て粗覚るにあらされは　農業の改良を計る先導者となること難し」と、学理と実業、理論と実践の統一を周到に図る農事改良の先導者像を語る。そして「唯旧慣に膠〈こう〉して播種栽培を計り空く歳月を経過するものあり　其損毛は其人に止まるに非ず皇国の損毛極めて大なり」と旧慣に膠着することは国家的損失と語り、そのために自分は巡回教師を命ぜられ、この地に派遣されたと述べている(注4)。

船津は農事改良について、費用、労力の無駄を省いて効率的な対応に努めるべきこと、として次のように示す。

「大略性質の強壮にして且善良なる種苗を撰み衰弱せしものは率ひて以て強壮に変化せしめ　播種栽培を計り而して無用の入費を除き無用の労を省き　上等の品質なるものを充分に採収することに勉むるにあり　推敲して掲くる所

の三題を講話す」神奈川県［19］

推敲して三題に絞り込み「第一條植物の性質を了知すること、第二條気候を農事に応用すること、第三條肥料製造並用法を知ること」を、講話項目とした。内「気候を農事に応用する」は、後に整理され「土質を左右し気候を応用して実業を為すへし」と、土質と一体的（土地と気候＝自然）に論じられる場合が多い。絞り込まれた農法的三項目は、以降、講話の中心的な項目に位置付けられブレは見られない（注5）。

中期・巡回教師時代（明治二十三〜二十六年）から後期・農事試験場時代（明治二十六〜二十九年）

明治二十五、二十六年頃から、講話項目が以下に示すように相当多方面に及んでおり、特記せねばならぬこととして、石井泰吉は後期には「その範囲を普通農事に限定せられるばかりでなく、その他の点においても掣肘（せいちゅう）を受けている」［34］と指摘している（注6）。

明治二十六年四月滋賀県『巡回講話筆記』

「目次　農業上の方針、植物の変化、植物の病気（茄子の立枯病、菜刀豆、甘藷、馬鈴薯、里芋の病気、稲の萎縮病）、肥料の製造並用法（肥料分の放散、灰、焼土）、土質を左右し気候を応用して実業を為すへし、普通食物調理の注意（炊飯法、沢庵漬法、菜漬方、菜類の煮方、豆類の煮方、饂飩蕎麦の煮方、里芋の調理法）、本県に於いて改良を加ふべき見込の件々、雑件　茄子の芥子漬法、茸の貯蔵する法、豌豆蚕豆の缶詰略法、選種法、助炭の改良、薦囲蚕室の構造法、質問応答（五九件）」［23］。

滋賀県の『巡回講話筆記』「農業上の方針」では、近時、「農家は学問を先にせねばならぬとか或いは実業を先にせねばならぬとか」議論が盛んであるが、自分は一概にその先後を争うものではないとする。学校では生徒に教えるのは学理を以て先とし、実業家は利益を以て先とするのを信ずると言う。何故ならば「実業家は何ほど道理が良きも実際利益なき事に従事する能わさる」［23］からである。

また農政と農業を混同してはいけないことを、農政は知事とか郡長とか「心を労するもの、専務」で、農業は「吾々実業家即ち力を労するものの専務」であり、孟子の言葉「心を労するものは人を治め　力を労するもの（＝実業家・経営者）は人に治められる」を引用して説明する。「心と力」の両者を治める人は完全で「鬼に金棒」であるがこの様な人は稀であり、農政（行政）と農業（実業・経営）を区別して論ずる必要性を説く[注7]。

船津は農政と農業を区別した上で農業上〈実業・経営〉の方針[注8]として、「率性論」に触れ、自らの「性を率いる」説により、主体的・積極的な動植物の技術改良、農法変革を説く。その説明に人工（改良技術）により、動物では使役のため「牛の鼻の穴に蔓を通す」事や肥大と食用のため牛の「睾丸」を抜く。植物では、「梨梅林檎」等に刺のないものや実の大きいものを接穂（つぎほ）して改良すること、土質も土の入れ替えや排水方法の改良等により土地改良を行うことができると説明する。

明治二十七年九月愛知県『巡廻講話筆記』、

「目次　講話　植物の性質に就て、農事普通試験、土地改良の説、肥料の製法並用法、農具之話、普通食物調理法、雑話（甘藷栽培法・桑苗仕立法・甘藷貯蔵法・里芋貯蔵法、甘藍・西瓜・瓢の話）、問答（一〇五件）」［26］。

明治二十八年十月長野県西筑摩郡役所『巡廻講話筆記』、

「目次　緒言、植物性質に就て、農家試作之説、土地改良之話、肥料の製法及用法、農具之話、桑之栽培法、稲作之話、雑話、大根之漬ヶ方、菜之漬ヶ方、馬鈴薯味噌の方、簡便鑵詰之方法　問答（八三件）」［27］。

中・後期（二十四年以降）では「気候の活用」から「土質を左右し気候を応用」（土質と気候の一体化）へ、さらに土質は「土地改良」に替わり、他に「農家試作之説」や「農具」が加わり、多様な栽培作物及び土地利用、農作業・経営の効率性、調理や農産加工等にまで改良項目が広く論究されている。

この頃には技術研究分野でも専門化が進み、石井の指摘のように専門性の制約を強く受けた時期かと思われる。船津が、農業〈実業・経営〉と農政〈行政・政策〉を区別したことは、農学的な意味でも興味深い。この頃には「船津農法」の内在的論理の展開や説明がより丁寧なものになっている。稲作や桑栽培で、育苗や栽培で「上根と下根」を意識し、「上根」の発達した苗を良い苗とし、そのため薄播・疎植を奨励している[注9]。

冒頭の序言や緒言、演述の大意等では、「船津農法」や農事改良の方法が整理されると共に、自己紹介や建前論で簡潔になる場合や省略されることもあるが（各県の訪問回数等にもよる）、農事改良の趣旨・目的に明確に触れている場合も多く見られる。

次に本論の講話では、『巡回講話筆記』の内容・主要項目は、各県の事情や地域（気候・土質）差を配慮して多少異なっており、また既に触れたように初期と中期・後期では講演項目の内容もかなり変わっている。

作物別等問答「各論」では、各県ともその質問項目の数多さ（百～二百件）と多様さ（作物・農事全般）に驚かされる。後に触れるが選種・育苗が重視されており、具体的作物別に「種半作」「苗半作」の栽培法が論じられている。また初期・中期・後期では、改良する対象作物に変化が見られる。ただし稲作と栽桑（育蚕や経営は外される）については各期とも特別に重視されている（講話テーマに加わる場合も多い）。蔬菜類では、茄子苗・甘藍苗の育苗法の改良や作期の改良が検討され、芋類では里芋、馬鈴薯、甘藷の種芋貯蔵、育苗・移植、栽培法や作期（作型）の検討が多く論じられている。稲作は『稲作小言』、里芋は『里芋栽培法』に即して解説され、陸稲の品種や技術改良も注目される。

以上『巡回講話筆記』の内容は、農事改良の主要項目と作物別・課題別問答（以下「作目各論」）を併せたものであり、そこから「船津農法」の独創性や特徴・性格を知ることができる。

なお『巡回講話筆記』編さん過程では、農事改良に取り組む各県の事情や意図・目的が窺われるとともに、船津の出張記録から本人が直接校正したと思われる経緯もみられる（注10）。

(2)『巡回講話』の主要項目

石井泰吉は、船津の巡廻講話の内容について前期の明治二十年頃は、凡そ次の項目「（一）農事改良汎論（在来農法の非科学性、農地制度の不合理性、農会・農事試験場設置の勧奨）、（二）農事改良の本質、（三）（動）植物変化論、（四）植物病理、（五）肥料、（六）農事共同論および協議試験田法、（七）農作物試作表および直枠坪刈用法の編者、（八）その他」であると指摘し、その科学的精神と方法の科学性を高く評価している（注11）。

石井は船津の講話内容（項目）について、次のように説明する。
（一）「農事改良汎論」では、維新以来「交通運輸の道が開けて諸産業の生産力が上昇し」諸物価が低下しつつあるとき、「農業の依然として沈滞不振、輸移入農産物に圧倒せられてますます疲弊」状況にある理由は、一つは在来農法の非科学性にあり、二つは農地制度の不合理にあると論じている。この対策に国や県は農林学校を設けて科学的な農業に取組むことの重要性を述べ、土地制度では地主の自作農化、地主の農業（小作農）に対する保護助長、合理的小作料の確立等を挙げていると、船津の農林学校の設置と土地政策論を高く評価している。
次に（二）「農事改良の本質」では、中庸の「天命之謂性、率性之謂道」の解釈を巡り、朱子は「率性」を「性ニ循也（シタガウナリ）と注せしが」、船津は江戸時代の漢学者太宰春台の「性ヲ将也（ヒキイルナリ）」と読む説を信ずるとして、農事改良に対する人間の主体性・実践的な姿勢が重要であることを説く。

その理由として、米の性として悪いものと良いものとあった場合に「性に循ふの説より之を論ずれば、その悪しきものと雖も総てその性に循はざるを得ざるが如くなれども、余が執る所の性を率ふる説よりすれば、その悪しきものは勿論その良きものも人間の工夫を以て益々之を改良して、総て吾人に都合善きように率ふるに在り」と語る。「人間は第二の造物主」（神の代理、造物主＝神）であるから、総ての動植物はこれを率いて都合の良いように左右する権力を所有すると断じ、ここに農業改良の基準を置かねばならぬ、というのである。

重要な事は、この解釈の前提として自然に対する科学の力（「学問の力」）を信頼した船津の作物の「変化」「改良」に対する実践・実証的姿勢を理解した上で、これに「率性論」を重ねて解釈しなければならないということである。ただ単に「率性論」を以て、人々に意識改革の重要性を説くには無理がある。

つまり、「変化する」（客体的）から「改良・改革する」（主体的）への飛躍をどう説明するかである。船津は、これを「第二の造物主」の「権限」として説明（西欧哲学やキリスト教の影響か、著者）、石井もこれに習っている。このことについて、斎藤之男は人間の経験・実践の積み重ねから問題解決力や独創力が生ずると、実践論から説明する[注12]。

従来から船津の主張には、文献引用（既存の学理・学説や著書）に依拠した農事に関連した考証や指摘（学理）があまり見られなかったことから、船津の中庸「率性論」の引用は、注目される。石井は船津の「率性論」を農事改良の本質として位置づけて農事改良の正当性（意識改革の重要性）を論じている。

石井は、(三)「(動) 植物変化論」では、改良方法について作物変化の五つの要因に、「気候、土質、肥料、花粉

（交配）、人工（接木）」等を挙げている。
（四）「植物病理」では、植物の病気は種子の強弱もあるが、「肥料、気候、土質、および手入れ（管理）」の如何により軽減できるとし、作物遺伝病と予防についても具体的に論じている。
（五）「肥料」では、明治十八年以降、植物の同化作用、根の機能、降雨後の肥効、三要素の解説、堆肥、焼土の製造、落葉、大豆類の施用法等、広範に亘る。
石井の船津についての説明は、（六）「協議試験田法（地域共同品種比較試験）」や（七）「農作物試作表（簡易な収量要素調査）、直枠坪刈用表（誤差の少ない坪刈法）」などの考案では試験法の厳密さ、正確さ等から船津の科学的調査方法を高く評価し、明解で説得的である（注13）。しかるに農法論的視点の欠如から、「農事改良の本質」と関連項目、特に動植物変化論、植物病理、肥料論との相互の内的関連性への言及があまり見られない。

従来、大西を始めとする研究者の多くが、船津（自然を率いる）と林遠里（自然に循う）の考え方の違いを意識して、船津の農事改良への積極的姿勢を代表する言葉として「率性論」の引用に注目するが、船津の本意は農事改良の正当性を科学的に（意識改革と農法変革の両面から）証明することが目的であったと思われる（注14）。

船津農法は、多くの在来農法の具体的検証や考察に基づき、自然を鋭く観察し作物の生命力を尊重する（「作物の性質（変化）を了知する」）。つまり自然の力を尊重することと科学の力を信頼して改革を推進することが一体性（統一性）を持っており、科学的認識に基づいた実践的な農法であることを意味している。農事改良の本質（農法変革）について、中庸の言葉「天命之謂性　率性之謂道」の解釈から「性（自然）に循う」ことが誤りで、「性（自然）を率いる」（改革する）ことが正しい（科学への信頼を前提としないで）と説明することには、やや無理がある。船津は、科学への信頼を基に改革を強調するがその限界も知っており、自然の力を尊重している。

（注）

（1）船津の出張記録を参照。柳井『前掲』［46］一九一〜二〇二頁参照。

（2）便宜上、駒場農校時代を『農談筆記』、巡回教師時代を『巡回講話筆記』として区別した。巡回教師時代に船津は農事改良を効率的に推進する方法として、「船津農法」（農法論の初歩的形態）を意識したと思われる。

（3）農事改良の巡回教師制度、石井泰吉『船津伝次平翁伝』［37］六六〜六七頁参照。本書Ⅰ章序論1節（補論2）参照。

（4）農事改良の先導者は「農学に心を労し実業に力を労し　心と力と二つながら労し以て粗覚るにあらされは　農業の改良を計る先導者となること難し」［19］と、学理と実業、理論と実践の統一を図れるものが真の農業指導者と語る。

（5）明治二十二年神奈川県『巡廻講話筆記』［19］二頁で、船津は『巡廻講話』の内容について推敲して、主要三項目に絞り込む。

（6）石井は「巡回講演の要領」で、巡回講話の後期には専門化が進み、これにより講話の内容について様々な「掣肘」を受けたと指摘する。明治二十四年五月五日群馬県への巡回講話に際し、農商務大臣陸奥宗光は、船津に対し次のように指示している。

「一、農業上の改良を講話すべし、但し其事項は予め知事に協議すべし且談必ず蚕茶業及び牧畜業に及ぶべからず一、講話の事項中若し前回出張の講話者と意見を異にするものあらば暫くその説に従ひ之が更正に付ては帰京の上指揮を乞ふべし」石井『日本農業発達史』第四巻［34］七一三〜七一四頁。

（7）専門分化の過程で、船津自身も「農政＝行政・政策」と「農業（＝実業・経営）」を区別するが、その説明に孟子の言葉を引用し「農政＝心を労する者」と「農業＝力を労する者」（明治二十六年滋賀県［23］二頁）としている。

孟子のこの言葉は、本来心を労する者＝支配者、力を労する者＝被支配者、と封建的な支配関係を説明するものであるが、しかしこの場合は心＝理論・政策であり、力＝実業・経営であり必ずしも肉体労働を意味するものではなく、専門分化の内容を説明している。

（8）船津は、農業（実践・経営）と農政（行政・政策）を区別し、農業上の方針として「率性論」（性を率いる）に触れ、作物変化の要因「人工」（接木等の技術改良）について動物も含めより具体的に説く（明治二十六年滋賀県［23］三～四頁、明治二十八年長野県［27］）。

（9）船津に対する『農事講話』の制約は、農業政策上の他に、専門分化の進展からの制約も考えられ、このことにより船津の農業技術の説明がより整理され丁寧になる（明治二十九年長野県［28］）。

（10）各県編『巡回講話筆記』は、各県の農業事情、巡回教師への期待の差、また筆記担当者の理解の差等もあり、微妙に表現の差違がある。船津が直接校正したものと県独自に編纂したと思われるものがある。これらのことも船津を理解し難い理由にもなっている。

（11）石井は『巡回講話筆記』の内容を簡潔で分かりやすく説明、特に作物試験・品種試験の方法、計測方法等の厳密性、正確性を高く評価し、専門的視点から船津農法の科学性を強調した。石井『船津伝次平翁伝』［37］七二～八一頁。

（12）斎藤は、船津の「率性論」「温気論」「作物変化の要因論」等の内在的関連性と論理を詳細に分析し、社会科学的な視点から考察している。斎藤之男『日本農学史』［38］二〇〇～二〇九頁。

（13）石井は、科学論の視点から作物試験法や調査測定法の厳密さ・正確さ・科学性を評価するが、農法論的視点の欠如から「率性論」「作物変化の要因」「肥料」等の関係項目についてその内的関連性についてあまり明確に論じていない。石井『前掲』［37］七五～七七頁。

（14）内田は、船津の「率性論」はなぜ「性を率ゆる」のが正しいのか、「論理的なあるいは文献学的な根拠」を示しているわけではないとして、当時の林遠理の説く農法の影響力を意識して「性に従ふと読むもの」として批判的姿勢を、巡回教師初期（明治十九年二月）［13］から示していると指摘する。内田和義『日本における近代農学の成立と伝統農法』［50］。

第三節　船津農法の確立と展開

1　船津農法と意識改革

まず船津が、当時（明治二十二年頃）の農業（者）の実情、科学についてどのような認識にあったのか、確認しておきたい。船津は、神奈川県『巡回講話筆記』（明治二十二年）で、次のように述べている。

「農業を以て生活を計るものは概し学はす　学ふものは概し来耜〈らいし〉を採らす　この習慣如何せん　総て農業は職工或は製造等に異なり学力と実地とを要すること最も広かるへし　其関する所の客を挙くれは地質に気候に種類に肥料に機械等客定り兼する物に因て耕助栽播菜（ママ）収等を異にし　又月に日に朝に夕に時に関して異なることあり　斯く関係夥多にして理の存する所管見の能く及ふ所にあらす」[19]

船津は、既に触れたように農事改良の推進には科学の力（「学問の力」）を必要とすることを述べている。しかし当時の状況は、農業者は学理を学ぼうとしない、また研究者は農業の現場を知らない状況にあった（注1）。船津は、農事改良の先導者を「農学に心を労し実業に力を労し　心と力と二つなから労し以て粗覚るにあらされは　農業の改良を計る先導者となること難し」と、学理と実業、理論と実践の統一の必要性を述べ、困難ではあるが、両者を統一する実践者こそが真の農業指導者（改革者＝巡回教師）であるとする。また船津は、農業では工業、製造業等と異なり、学ぶ所は非常に広く多いことにも触れている（注2）。

そこで船津が考えた農事改良の有効な方法が推敲した三題〈三項目〉であり、第一に「植物の性質（変化）を了知すること」（中期以降「変化」が加わる）、第二に「気候を農事上に応用すること」、第三に「肥料製造並に用法を知ること」で（第二、第三の項目は農法変革の主要因）の重視であったと思われる。

船津の農事講話の第一項目は「植物の性質（変化）を了知すること」であり、「作物の性質」を学び良質な農作物生産のための技術改良の推進を説いた。その際に既に触れたように中庸「天命之謂性　率性之謂道」〈以下「率性論」〉を引用「性に循う」のではなく「性を率いる」と解釈、農事改良に主体的に取組み、慣行農法から科学的農法への転換を図るため、作物の変化・改革と重ねて、当時の農業者や技術関係者の意識改革（心の改革）を重視した。

船津はこの項目で、作物の性質の見方を固定的・慣習的な見方に固執することを否定し、主体的・実践的に物事の変化を学び改革を推進していかなければならないとする。そのため第一に意識改革（「心の改革」）が必要であると論ずる。科学に対する信頼を前提に「率性」論を理解することが重要で、人間の主体的・実践的な係わり姿勢（変化・変革）を重視した。

さらに、作物の改良について「予めその性質を良く識別して、その栽培目的にかなう品種で無病健全な種子を選択し、実際の栽培に当たっては、植物の変化する五つの要因を応用して改良を図るべきである」と言う。五つの要因とは「気候、土質、肥料、品種（花粉交配）、人工（接木等改良技術）」のことである。

この場合、科学技術の発展に即して物事の変化を正しく見る方法として、船津は複数の要因に分解して分析し、何が変化の主要な規定要因かを見極めること、また個々の要因の相互関係やさらに要因の変化を分析して見ることにより複雑な変化を究明しており、これは当時としては極めて斬新な認識方法であると思われる。

船津は、作物変化の要因について、五つの要因を挙げ、要因相互の関連性・展開にも触れているが、さらに作物の種子・育種では、科学の力による選種（塩水選等）、優良種子（育種）等による改良（正の変化）や、或いは病害等による作物被害（負の変化）を論じた。作物の良質な種子を得るため選種を重視し、客観的な比較、正しい選種や育苗、育種（交配を挙げているが、船津が実際行ったのは選抜育種が中心）などを論じた。実証を重視し、具体的には

「協議試験田法」の確立、「稲作試作表」や「直枠坪刈用法」等を考案するが、これらは優良種子や新しい品種の地域への導入について実証的検証を図る有力な手法である（明治二十二年長野県［20］）。

「農業は実業でありその目的は、良品質のものを沢山生産し金を儲けること」で、そのため作物の様々な性質を良く知るべきで「其の最も注意す可きは種子に病気を含有すること」である（明治二十二年長野県［20］、同二十六年奈良県［24］）。人間は常に良質な種子の確保のため改良を重ねてきたと述べる。稲では種籾の「塩水選」は、非常に有効な科学的手法であり、植物の良質な種子の確保ばかりでなく遺伝病（伝染病含）の予防等にも効果的であるとする。

（補論）作物病害と対策・改良について

作物の病気は、「蚕における微粒子病のようなもの」（明治二十二年長野県［20］）であり、健康な種苗の確保の重要性を述べて選種による病害予防について、遺伝的な病気は選種・種子処理によって防ぐことが出来ると説き、作物の病気（負の変化）に対し、対策や改良を説く（注3）。

稲の本折れ病は、その米質「粗悪にして其粒の側部に白斑あり。通例一反歩に付三石も収穫あるべき筈なるに、この病に罹りたる稲は僅か一石五斗にも足らず且つ不味にして貯蔵に堪へず」と言い、この病気は遺伝するから罹病した種子を使用してはいけないとする。また、粃穂の生ずるのは「土質肥料及気候の適否手入の如何にも因るべしと雖も、其種子の良否にも依るものなれば宜しく精選の種子のみ用ふべし」［20］と述べている。

麦の黒奴（黒穂）病の予防・駆除のための種処理法については、「土用中、麦の種子を三日間灰汁に浸し、これを掬い上げ太陽に曝燥して貯え置き、秋に播きつける」という方法があり、「灰汁は木灰二升に水三升を入れたもので、種子一升を浸すには灰汁五合が必要」［17］［20］［23］とする。なお船津は麦の種子処理技術を駒場農学校時代に確定している。

芋類では、甘藷の蔓割れ病は「種芋に供すれば、其蔓亦割目を生し小形不味なるもののみにして大なる損害を招く可し」、故に収穫の時「大形にして無疵なるもの」を選んで種藷に供すべきである。また又掘取前に「蔓を掴みて淺々と音のするものは病藷」［20］であると判断する。馬鈴薯の茎枯れ病予防は「成る可く青々として強壮なる茎に着きたる大薯を選み　之を切断して切口に風の当らさる中に灰を塗りて植ゆるを良」［20］と論ずる。青芋（里芋）の心虚病は「親芋の尻に腐痕あり其子芋は尻に赤筋あり　此子芋を種芋とすれは発生後茎葉等に縮皺を呈し近接せる芋株にまて伝染するものなり　故に種芋には親芋の大にして無病なるものを用ふる」［20］べきとする。

他に選種による遺伝病予防について、①茄子の立枯れ、②蕪菁・大根・煙草等に見られる生育障害、③叔類の泡し、等を指摘する。

病害については、船津は選種・育苗を重視するが、それは遺伝性（伝染性含）の病気予防のため選種、種処理を徹底し、または良質な種芋確保等により健全な苗の育成を図ることを目的とするからである。

また、作物の病気の軽重の要因について「土質、気候、肥料、手入れ（栽培管理）」の四つの要因が関係していると指摘する。「手入れ〈管理〉」についても中耕や施肥、除草等と、病害の軽重関係（降雨後の作物の手入れはさける、桑の萎縮病予防と桑園管理「土用布子に寒帷子」等）にも触れている。

さて農法論は生産力や技術的視点から農業を分析・究明する方法として研究され、農業の生産様式論として確立されたが（注4）、その内容は土地利用方式、地力再生産機構、労働様式をその構成範疇（注5）とし、近代農業発展の分析方法として注目されている。船津の作物の性質（変化）の要因分析は、この方法の初歩的形態と考えて良いと思われる。

船津は作物（農法）変革の要因を概ね五つとしたが、その内主要三要因「土質、気候、肥料」を、後に二要因に、その一は「土質を左右し気候を応用」（土質と気候の一体化＝自然）に、二は「肥料の製造並活用法」にまとめ特別に重視した。

変化要因である気候は「気候を農事に応用する」として、初期には単独で講話項目に挙げるが、後に整理して気候は土質と一体性（土地＝気候も含む自然）のものとして農法的要因に加えている。そして、土質（土地）は「底破法」や「土地改良」等により変化する要因としてとらえられ、農法論的には作付順序（船津の場合前後作程度）等を含む土地利用方式の範疇に含まれると理解できる。

「肥料の製法並用法」は地力再生産機構の範疇として初期巡回講話から一貫して論じられており、広範な肥料についてその製造法並に活用法や効用について検討している。また、地域資源の活用を含め、持続性・有機農業的説明が注目される。労働様式については、労働手段の未発展や一部作物を除けば農作業・労働概念の整理が不十分等から検討があまり進まなかったことが考えられる。

作物変化の要因をまとめると、「土質（気候含）、肥料」は基本的な要因として重視され、他の技術的要因についても「育種（交配）、人工（接木等技術）、手入れ（管理）」等に整理され、作物や農業に変化・発展をもたらすことを論じている（病害も含め）。

初期『巡回講話筆記』では、既に触れたように意識改革と作物変化の基本要因（農法論的にも重要）を中心に主要三項目が論じられ、変化の要因分析・整理はもちろん不完全ではあった。しかし中・後期には、次第に理論的に整理され、船津農法は確立された。

また、後期には農業〈実践・経営〉と農政〈行政・諸政策〉が区別されたことにより、主体としての農業経営と農法（農業技術・生産力）がより実践的理論として整理され、農法発展の論理と要因の解明が進められた。

（注）

（1）学理を論ずる研究者と実践を重視する農業者との乖離は、明治初期の移入農学・技術と在来農法との関係を示しており、当時（明治二十二年頃）政府は、巡回教師制度を設け農事改良の推進を図ろうとした。神奈川県『巡回講話筆記』［19］二頁。

（2）船津は、農業と工業の違いについて、農業は自然（気候等）の影響が大きく、専門的にも非常に広く学ぶべき事が多いことを論じている。神奈川県『巡回講話筆記』［19］二頁。

（3）船津は作物の病害を負の変化として把握し、その改良として種処理・選種の徹底を重視する、長野県『巡回講話筆記』［20］。石井は船津の選種による病害策や種処理技術を駒場農学校時代の業績と評価する。石井『前掲』［37］。

（4）加用は、農法論を農業の生産様式（経営方式）論として確立する。加用信文『日本農法論』［39］。

（5）江島は、加用の農業生産様式論を土地利用方式（作付順序含）、地力再生産機構、労働様式を農法の三範疇として把握する。江島一浩『農法展開の論理』［41］。

2　農法変革の要因と船津農法

（1）気候を農事に応用する

巡回講話の初期に、船津はこのことを「気候とは寒きと温なると乾くと湿ると　此四者の代謝如何に由って植物の栄枯を来すものなり」［19］と説明[注1]、それ故に適度にこれらを応用すれば「死物は腐敗を促し　活物は発育を盛んにしならしむ」と述べる。電柱の「地表に接する部分の腐朽早く　地中に入りたる部分の久しきに堪ゆる」とは、「地表は気候変動の来る最も著しく且つ頻繁なればなり」と、気候変動が土地や作物に及ぼすさまざまな影響について具体例を述べている。

また北海道と九州を比較し、北海道では「寒暑の往来極めて甚だしく」気候の変更甚しいので、一年の内で「植物の成長す可き時期僅々たるに拘わらず　草木一時に成長し雑草の高さ丈余に及ひ」［19］と言い、九州地方では「春は陽気早く来たり　冬は寒風遅く到り且つ昼夜寒暖の変更著しからざる」が故に、「植物の生育する時期長き割合には草木成長せず」と言う。地域の気候変動の違いが作物の生長を助けたり抑制したりすること、このことを作物の栽培、農業に応用すべきであると説く。

さらに、茄子の育苗では石の熱伝導や蓄熱効果を利用した石苗間による促成栽培を考案したり、籾殻や麦殻を利用して熱を遮断し種子や種芋の貯蔵に応用できることを論じている。

(2) 土質（土質及び土地改良）

船津は、作物と土質の関係について[注2]、桜島大根や練馬大根、近江蕪菁、長薯等、土質の元となる鉱物質（花崗石の粉砕したもの等）、粘土や軽鬆土等を考慮した根菜類の地域特産について触れている。

また作物を栽培しつつ土地改良を行う方法について[注3]、粘土地を掘り起こして小高く積み上が乾くのを待って甘藍や菜種を植え、又豌豆や蚕豆を栽培し花盛りに刈採り実を収穫せず肥料とすれば、跡作に陸稲を栽培すると非常に良く成長し稔る、とも語る。その理由について、次のように示す。

「該植物が実を構成する用意として地中及気中の養分を集めたるに□ちす　半途にして刈採られたるを以て実を構成すへき養分は根に存有するなり　その跡作は富人の死去したる跡養子に貧人の行きたるが如き意味あるものなり田の紫雲英を栽培し之を肥料となすも其養分は其土地より吸収す故差引益する所なきか如く説く…是等は実際に暗き人の説」[23]

土質も人工により左右するとして、「湿地は排水法を行ひて之を乾燥せしめて　粘土地は焼土或いは砂利を投して冷温の浸透を自由ならしめ　又軽鬆土には粘土を交へ以て之を適当に配合し　又高処は之を低くし低地は之を高く」[23] する等、土地改良により土質を変化させることが可能であることを論ずる。

底破法については、船津の独創的なもので其の方法を次に示す。

「田地の耕土大率深さ三四寸　畑地の耕土一尺程と仮定し夫れより以下の底土堅固なる為　田地の稲は倒れ易く又は僅かの旱魃にも枯死する所（石灰を永く施用したる所に多し）　畑は陸稲及青芋牛蒡大根等の栽培地に勉て行うへき方法」[21]

田畑の耕盤が堅くなり作物の倒伏、旱魃の被害に遭いやすくなるため、冬季に麦等作物を栽培しながら畦間を一・二畦おいて深耕し耕盤を破壊することにより、作物の生育や収量の増大を図る土地改良の方法である。

井戸掘りによる湿田の乾田化について、沢山の水田の場合に水源の近くに「井戸を掘り深さ石掛積抔にして六尺又は八尺位の深さにします　然うすると其の近所の水は皆其井に抜けます　然うして其井の底より六七寸も上った所の深さ」から低い方に向けて暗渠で水を抜く、「遠くへ水を抜くなれば井戸を所々に掘りて　底に砂及小石を容れて置く　井戸より井戸へ埋めた溝〈暗渠〉を以て連ねるときは能く乾く」[26] 様になり、二毛作、三毛作となった所があると、説く。乾田化した場合には、水田の収穫高が増収すると共に麦作も可能となり、その利益は大きいと論ずる。

(3) 肥料の製造並用法

肥料は船津の農事講話の主要項目を成しており、初期には各種肥料(有機質肥料)の説明とその使用時期等を中心に、中・後期には良質堆肥の製造法とその効果的使用法、さらに地域資源の活用や経済性を含めた持続性・地域循環体系を論じている。

肥料の種類については(注4)、堆厩肥、骨紛、焼土、干鰯、大豆・油粕、落葉・枝葉、蚕屎、緑肥等、幅広く扱っているが、農業と林業の結合を重視して落葉、枝葉・草萱利用による持続・地域循環体系が注目される。大豆肥料、蛹、鯡や鰯等の脂肪を含んだ肥料については、使用の時期・気候について注意を払うように指摘する。また臭気の防止には木灰を使用することを勧めている。そして肥料(有機堆肥等)の効き方は、気候の寒暖によって差がある。暖かい方が、有機質肥料の分解が進み肥料の効き方は早い。地表と地中深いところでは、地表の方が肥料は効きやすいと説く。

落葉や枝葉の利用について「落葉する樹木の枝葉は肥料に効多し就中闊葉樹を以て第一とす」、特に楢や櫟の落葉樹の葉は効果があり、針葉樹は肥料分が少ないと述べる。枝葉では「最も効あるものは藤の葉なり…特に水田に著しく利目あり」、枹枝(楢枝か、著者)[14]の若芽がこれに次ぎ、他に効果あるものを探して利用すべきであると説く。特に藤の枝葉は、痩地の肥料にも適しており、駒場農学校の実証試験では「稲に特効を有せり其比較草萱三束と藤葉一束位」[17]と藤の枝葉の肥料効果を高く評価し、桑のように中刈り仕立てにして栽培することを奨めている。

堆肥の製造については、稲藁・麦稈、落葉、厩肥を混合し発酵した熟成堆肥の製造を奨励する。黴(かび)が生えないよう注意し、発酵途中の適当な時期に、堆肥の切り返しを行う必要がある。切り返しは、定期的に万遍なくムラの無いように行う事が肝要であるとする。「肥料を製造するには腐敗損を無き様注意す可し　腐敗損とは肥料を製造する方法を誤り終に酸気と黴を発せしめたるものなり」と、もし誤って肥料に酸気又は黴を生じた時は「其の効を失ふのみならず之れを植物に施用せば害を与える事僅少にあらず」と言う。

灰の効用について「貝原益軒（ママ）曰く…灰なきときは種子を蒔くへからす」［18］［20］と引用(注5)、灰は「酸気を中和し黴を殺し臭気を抑留し油分を変化せしむる等」大いに効果があるとする。そして、肥料に酸気と黴がある時は「木灰を混和すれは酸気は全く消滅し黴は悉く死す」、水肥（水に溶いた場合）であれば直ちに用いても良く、堆肥であれば四、五日を経て用いれば可能であると言う。

肥料の用法については、茄子では「うまい茄子に適する肥料」［18］［20］と、肥料の比較試験を行っている(注6)。油かすの施用ではつや・光沢が良いものが、米糠の施用では味が良いものが、麩（フスマ）の施用では大きくて量がたくさん採れると述べる。

船津は肥料の三要素について(注7)「窒素は茎葉を軟和に繁茂せしめて後種実を組織する」、「燐酸は茎葉を剛強に育し后種実を組織する」、「ポッタース（カリ）は初め根茎を健康に養い后皮及び種実を組織する」［18］［20］と、西洋農学から学んだ「無機栄養論」を説明するが、実際の作物栽培については堆肥や人糞尿、山野の草木枝葉を中心に論じており、茄子の肥料試験でも、油カス、米糠、有機質肥料が中心である。肥料の三要素等の知識はむしろ、「巡回講話」等で農家の人々の意識改革や欧米科学技術の先進性の説明として論じられた。

（注）

（1）気候を農事に活用、群馬県［18］、神奈川県［19］、長野県［20］各『巡回講話筆記』参照。

（2）土質について、作物と土質の関係、神奈川県『巡回講話筆記』［19］。

（3）栽培しつつ土地改良、土地改良一般については、滋賀県『巡回講話筆記』［23］四八～四九頁参照。畑作土地改良については「底破法」と畑作物、群馬県・山下篤愛『巡回講話筆記』［21］二五～二六頁参照。水田土地改良について、愛知県『巡回講話筆記』［26］参照。

（4）肥料の種類については、落葉や枝葉について、鳥取県『巡回講話筆記』［14］を参照、藤の枝葉の肥料効果について静岡県『巡回講話筆記』［17］参照。

（5）宮崎安貞『農業全書』の引用と思われる。内田は、船津が『農業全書』を貝原益軒の書とたびたび間違えていることを指摘している。内田和義『日本における近代農学の成立と伝統農法』［50］。

（6）肥料の用法、茄子の栽培試験について、群馬県『巡回講話筆記』［18］、長野県『巡回講話筆記』［20］参照。

（7）石井は、船津は（明治十八年以降）「老農技術を克服、現在（昭和三十年頃）の肥料学の初歩程度の段階に到達している」と、述べている。石井『船津伝次平翁伝』［37］。

3　各論にみる船津農法――選種・育苗の重視と持続・有機農業的性格

農業では、昔から選種・育苗の重要性にこだわり「種半作」「苗半作」の言葉があるが、船津農法でも農業の基本は良質な種子や種芋の確保、健全で丈夫な苗を育てることを基本としている。当時は、当然農薬や化学肥料がある訳ではなく、その性格は現代の有機農業に通ずるところがあり「無農薬、無化学肥料、土づくり」を重視し、農作物本来の生命力に依拠した有機農業の原理と共通するものである。また病害論で触れたように、選種の考えの中に遺伝病の予防（伝染病も含）が含まれている。さらに、採種・選種を発展させ選抜育種等による優良品種の育成、地域に適した有益な作物品種の育成に努めることが重要であると説いている。

『講話筆記』の問答に掲載された「作物別各論」（質問順の羅列の場合もある）で述べられている選種・育苗重視

（「苗半作」思想）の栽培法は、船津の代表的著作である『稲作小言』、『里芋栽培法』、『桑苗簾伏法』、『栽桑実験録』等に、つまり各論のエキスが分かりやすく各著作にまとめられたと考える。

（1）稲麦作

稲作における選種・育苗についての考えは、船津の代表的著作『稲作小言』にその考えが明解に示されていて、「総説〈筆者〉、選種、播種」の構成からなる。総説では、米の食品としての優秀性を論じ、日本農業は古来より稲作を重視して発展してきたと述べ、維新以来、政府により西欧の肉食を中心とする有畜大農法の性急な模倣や移入が推奨されていることに対して批判を加えている。

選種では、「乾ける地質の風ぬけ宜しき上等の地面に上出来致して何れへ伏すとも藁茎をれざる一穂の粒数多数は勿論其内粃（しいな）の少しもなき穂を選んで取るべし」［7］と粃をさけ、赤米を除き良穂を選ぶべきとする。採種について、抜き穂を批判し「藁色青みが少しあるなら根部より抜くべし」と説いている。また、横井時敬の「塩水選」を支持し、林遠里の農法（寒水浸法や土囲法）を批判する。

播種では、播種・育苗・移植を中心に論じ、蟹爪（がんづめ）による除草を説き「薄播き苗にて薄植なされば除草に蟹爪使用の便あり　おひ立ち盛りに湿気も風気も充分通して丈夫に繁茂し収穫多きハ保証しまする」［7］と、薄播き・薄植えを論ずる。苗代には一坪当たり二～五合を播く。本田では坪あたり六〇株、一株三～一〇本、反当たり四・五～五升播く。陸苗代は、苗代期に水が得られない地域の場合に、やむを得ないとする（注1）。

育苗における根の生長について「苗というものは薄蒔きにしますと上根のふといのができますが、厚播きしますと上根が張りたくも上に隙がないから地の中に這入って心根が多く出来ます、心根が多く出来た苗は数が増えなくて大損になります」[28]。

麦作では、「種用に栽培するものは薄播きして良い肥料を用いて栽培」すべきと述べ、「ゴオルデン麦」の例では、薄蒔きにすると一升で三二〇～三三〇匁位、これを厚播きにすると一升三〇〇匁位。三二〇匁の麦は一粒で二〇本も三〇本も殖えるが、三百匁の麦では増え方が少ないのみならず、生長もやはり悪い。種麦の栽培は、蒔付け圃場を決め「薄蒔きにして黒穂や変性物の穂は見つけ次第取り除くべし」[26]と説く(注2)。

(2) 蔬菜類

蔬菜類についても「苗半作」の思想を栽培の基本として重視するが、船津はこれに独創的改良を加え、赤城山の草刈りでヒントを得たと言われる石苗間（いしなえま）の発明へと発展させていく。

具体例として茄子苗の育苗について、「茄子の苗床は下に馬糞等を敷き田土を覆ひ人糞及灰を充分に把し石或は瓦（大さ径一寸許）を並列し　其間隙に種子を下し砂又は灰を散布し蓆若くは藁を以て寒冷を防ぎ中央に検温器を半埋め置き日暮に浴水を注くへし　最も検温器（華氏）百度（三十七・八℃）に達せは一週間に必す発芽す」、発芽したならば「覆ひを除き日光を受けしむへし併し風力強けれは直ちに之を覆ひ寒冷を防く」[10]と述べる)。

その後さらに改良し「茄子の苗床に饅頭位の石を並べ置くこと所々に見ゆれども良しからず　碁石大の石を置き跡を付け其の石を採りて種子を三四粒宛蒔きて其の石を元の如く載せ置く可し　然するときは茄子苗は石の下に根を張り石は寒暖の感しやすきものなればその変動の為めに成長最も良し」[15][18]とする。

この考えは、茄子などの野菜類の苗間に平たい小石を並べてその蓄熱効果を利用した育苗法であり、促成栽培の先駆け技術とされている。この技術は、昭和三十年頃の久能山の石垣イチゴやイチゴのブロック栽培などに活かされてきた（注3）。

甘藍（キャベツ）では、明治以降の欧米からの移入作物とされるが、この育苗にも触れ、この菜は「球の出来ると出来ないのとあるから苗の内に良く見分けて球にならないものは除けて植えないが宜しい…苗の下葉の鋸葉になったものは既に変化もので球は結びませぬ　又菜の茎の長く成ったのは球を結ぶも小さくあります」と、結球不可の苗について触れる。

栽培は「七月播きで十二月頃採る様に作るか又は九月播て翌年三月頃植る」が宜しいと言う。その理由は、この菜へ「青虫が着くと蔓延して仕方が無い様に成ります其の虫は六月頃より出ますから其の以前に球に成つて仕舞う様に作るより外に致し方ありませぬ」（[25]）と、虫害をさけるため栽培季節を考慮することを指摘している。また早熟の栽培であれば田に栽培してもその跡に田植をする事が出来るとも述べている。

(3) 芋類

芋類では、里芋、甘藷、馬鈴薯の栽培と貯蔵について論じ、特に種芋の貯蔵と選び方に注意を払う（注4）。種芋の貯蔵庫として穴等を利用し、その際に藁は腐りやすいので、麦桿や麬（フスマ）を使用する方法が良いことを強調している。また、里芋や甘藷などは、収穫時や貯蔵時、穴から掘出したとき、種芋を乾燥させないように注意する（『里芋栽培法』[1]）。

馬鈴薯栽培では、種薯選びについては、大柄で複数の太い芽のついた薯を種芋とし、これを二つないし四つに切って切り口に木灰を付けて、種薯として植えると元気の良い太い芽が出るとしている。小さな形状の薯を選んではいけないと注意する[28]。

甘藷の苗作りでは、「苗床の下は稲藁を用い藁は温度を永く保つ効果があり、中間は馬糞の様なもの、上部は腐壌（肥え土）が良く、甘藷を置く位の深さに寒暖計を挿し置き、藁菰をかぶせ、時々調べ温度を華氏九〇～一〇〇度（三十二・二～三十七・八℃）までなるのを認めて藷を植える」。

種芋は一反歩に三〇貫程要し、大概一個百匁の藷より二〇～三〇本の蔓苗がとれるが、蔓は「八寸より一尺まで延びたれば切りて植えます、一尺より長い蔓は本の方を切り取て一尺とします、又八寸よりも短き蔓は残して置きて延びるを待つ」と述べ、また、藷苗を植える場合、畝をたて土の中に、「蔓の本を釣針の如く曲げて植える」（舟型植に類似、筆者）と、藷が沢山ついて好成果を得る。畝間は二尺で株間は一尺二寸とし、一反歩には四五〇〇本の蔓が必要となる。苗を植える季節は、五月十日～三十日迄で、大麦の刈期より十五日前、小麦の刈期より二十五日程の前とし、その植える日から三十四、三十五日前に種芋を苗床に入れる、としている。

苗は、植える前日に切取り、切り口に灰を付け風の当たらない土間に置き、蔓はしおれるくらいが乾いた土地には苗が着きやすい。苗は、一番蔓でなければ藷はできが悪く、悪くても二番蔓までとする。苗を植えるのは、降雨中か降雨直後に植えると蔓割れ病に罹るものが多いから、雨天の場合は一日置く方が良く、むしろ降雨前が良い（[26][27][28]）としている。

（4）桑栽培

明治初期、日本の蚕糸業は急速な発展期にあり、船津は桑苗増殖法の研究に特に力を入れ、合理的で簡便な桑苗の増殖法として、有名な『桑苗簾伏方法』（明治六年）[2]を考案、熊谷県に献策し県から表彰を受けている。

以下、その説明を見ると、従来は桑の木を年々刈取り葉は蚕に与え枝は焚木にしてきたが、その有用な活用方法として「先づ桑の葉をとりたる幹を元のかた一尺七八寸を残し末の細きところをきり」すてる。畑の土をあいだ二尺五寸か三尺ぐらいずつへだて「うねをつくり切り先を二、三寸土へ差し込あいだ五寸より四寸ぐらいつつあけてすだれのならべること図〈図略、筆者〉の如。中三寸ほど土をかけず幹をあらはし下はつちより一、二寸すかし元のかた一尺二、三寸は二寸ほど覆ひうねあひの空気をふさがぬやうにすべし」[2]とする。

簾伏法は、実施の可能期間は「清明（四月五日）の頃より芒種（六月八日）過ぎまで」と比較的長く、芒種が最も良いとする。また、桑葉の利用後の枝条を利用して苗を量産できることから合理性、経済性、簡便性もあり好評を得たが、桑の品種差等もあり失敗も多くあった、としている。

また『栽桑実験録』（明治十六年）では、桑栽培について体系的に論じているが育苗については特に重視し、簾伏、分株、横伏及び撞木取、撰木（挿木）、樹苺及び実苺など桑苗増殖法について詳細に論じ、「実苺ハ良種を得る能ハす接木ハ迂闊に似たりと雖も廃すべからざる場合往々之あり　簾伏、挿木、樹苺ハ最も良法なれども技術未熟にハ施行し難き地あり」として、育苗技術の向上と土地条件を考慮した育苗方法の選択を推奨している（注5）。

なお船津は、良い桑苗は「上根が沢山あるをいうなり、上根が沢山ある苗ならば植えてから生長よろしい」[28]と、根の生長・発達の在り方に触れていることが注目される。

（5）農業と林業の結合

船津は、樹木・竹林関係にも関心を持ち、水源涵養林、秣場、落葉の堆肥利用、樹液・樹皮、種実、用材の利活用等を視野に、様々な樹種の「育苗」を重視し論じている。船津農法では、屋敷林、里山、山林の落葉や枝葉等の地域資源の堆肥活用を含め持続・地域循環体系に組み入れている（注6）。

船津農法の持続・有機農業的性格を論ずる場合、一部は金肥として、干鰯、骨粉や動物質肥料の投入を認めているが、基本的には人糞尿、植物残渣や藁類等の副産物、緑肥や地力維持作物の栽培、さらに屋敷林、里山や山林の落葉や枝葉、秣を発酵させた堆肥の利用等、地域資源を活用した持続的循環体系を重視している点が見逃せない。

（補論）船津農法の持続・有機農業的性格

船津農法は、欧米の科学技術や試験法、学理を必要な限り受け入れ、在来農法や優れた経験事例を実証的に検証し独創的な考案を図り実践したものと言える。

その特徴は既に触れたように、適地・適作、適品種の選定、選種・育苗を重視した健苗の育成を行う。薄播き・疎植で、中耕・施肥等による集約的な肥培管理、さらに地域資源を有効に活用した持続・循環型農業を目指している。もちろん、化学農薬や化学肥料は使用していない時代であり、その時代にさまざまな在来技術の検証や農事改良に努め、作物本来のもつ生命力・活力を最大限引き出し、生産向上に努めた。船津農法は、今日の有機農業者にとって大変魅力的な農業技術の宝庫である。

今日、有機農業は、無農薬、無化学肥料、土づくり（耕作前二年から）に対応と定義されるが（注7）、「作物変化の要因論」で述べられている、自然（気候・土地）、堆肥造りを基本とする自家採種した種子の確保と選種・種子処理、堆肥を中心とした元肥重視の船津農法と基本的に重なるところがある。輪作については言及されていないが、土壌環境を考慮して前後作を考えた畑作栽培を重視し、田畑二毛作を論じている。

また、船津は、作物の病害の軽重の要因について「土質、気候、肥料、手入れ（栽培管理）」の四つの要因が関係していると指摘する。「手入れ〈管理〉」についても中耕や施肥、除草等と、病害の軽重関係について、例えば降雨後の作物の手入れ管理はさける、桑の萎縮病予防には桑園管理の基本を守る「土用布子に寒帷子」（夏は桑樹の根元を覆い、冬は根元を寒気に晒す）ことは重要と触れている。

船津を直接知る斎藤萬吉（明治十三年駒場農学校卒業、東京農科大学教師、農事試験場技師を歴任）が、日本における「テーア流の人」と評価することに注目したい（注8）。テーア（一七五二〜一八二八年）はドイツ近代農業・農学の祖として、持続・有機農業、合理的輪作体系の推奨者として実践と学理の両面で活躍した人である。時代背景に触れれば、船津が全国的に農事改良に活躍した明治十〜三十年（一八七七〜九八年）頃は、欧米ではダーウィン『種の起源』（一八五九年）が出版され、イギリスの輪栽農法の発展に学びドイツではテーアの「有機栄養説」に基づく合理的輪作体系と有機農法が普及していた。しかし、新たにこれを否定するリービッヒ（一八〇三〜七三年）の「無機栄養説」が登場し（後に化学農法に繋がる系譜）注目された時代であり、駒場農学校招聘教師によりフェスカ、ケンネルらがその内容を初めて、日本に紹介した時代である（注9）。

船津農法（農法論の初歩）の確立について、確かな根拠はないがフェスカやケンネルらを通してテーアの有機農法やドイツ農学の影響があるとすれば、農法の範疇としての土地利用方式、地力再生産機構、有機農業視点等についての高度なレベルの理論的結合であり単なる西欧農法の知識の模倣ではなく、船津の精緻な日本農業の技術的分析と融合した独創的農法理論の展開であると考える。このことは斎藤萬吉の指摘を具体的に裏付けるものであり全く否定することも出来ない、今後の究明課題である。

明治以来、主穀・稲作の多肥増産を重視した化学農法を中心とする近代農学・農業発展の時代、戦後、高度成長期の機械化・化学化の著しい進展を経て、今日、環境問題の発生、その反省の上で持続・有機農業、生物多様性への期待や評価が高まっている時代にある。そして同様な経過をたどったドイツでは、近年テーアが注目され、脚光を浴びている(注10)。

有機農法については、近年、有機物施用の研究が進みリービッヒの「無機栄養説」を克服し作物は栄養素として有機物・無機物どちらの形態でも吸収されるとの理解にある(注11)。有機農法も化学農法も、時代の流れの中で理解する時期にある。

(注)

(1) 選種、播種について『稲作小言』〔7〕、育苗における根の生長について長野県〔28〕参照。なお内田は、船津の稲作技術について健苗・疎植の奨励を年代を追って究明。内田和義「老農船津伝次平の稲作技術—明治一〇年代を中心に」『日本農業経済学会論文集』〔57〕、内田和義「老農船津伝次平の稲作技術—明治二〇年代を中心に」『日本農業経済学会論文集』〔58〕。

(2) 麦の選種・播種について、愛知県〔26〕参照。

(3) 柳井も指摘するように、船津の考案した独創技術は今日も通用するものが多い。石苗間(石垣栽培、ブロック栽培)柳井『前掲』〔46〕。他に甘藷の釣針型移植(甘藷の舟型移植)〔26〕〔27〕〔29〕、桑苗簾伏法(密植桑園に応用)〔2〕等。

(4) 芋類について、里芋〔1〕、馬鈴薯〔28〕、甘藷〔26〕〔27〕〔28〕。

(5) 栽桑・養蚕について、船津は、当時蚕種家の田島弥平(清涼育の考案者、『養蚕新論』著者)や製糸改良の速水堅曹、星野長太郎とも交流が深い。育苗では『桑苗簾伏方法』〔2〕を、良い苗の評価について長野県〔28〕参照、また『栽桑実験録』〔6〕は船津の著書の中で最も専門的学理的に構成、論じられている。

(6) 農業と林業の結合について、屋敷林、里山、山林の落葉や枝葉の利用、鳥取県〔14〕、静岡県〔17〕参照。

（7）有機農業の定義と、「有機農業法」「有機農業推進法」等における今日的課題について、拙著『食と農とスローフード』［61］参照。
（8）斎藤萬吉の船津評は、船津は日本における「全くテーア流の人」であり、テーアは「勿論農事上に種々と工夫設計を積んだ人だが理論を直に実際に行った人で、その実行の点に於いて秀でたもので、自ら手足を動かした人」と、ドイツの農学者アルブレヒト・テーアに比較してその功徳を讃えている。上野教育会『船津伝次平翁伝』一九〇七年［32］。
（9）斎藤萬吉とドイツ農学について、津谷好人「明治・大正期におけるドイツ農学の受容過程」『宇都宮大学農学部学術報告特輯』第四五号、一九八七年参照［44］。
（10）アルブレヒト・テーア著・相川哲夫訳『合理的農業の原理　上・中・下』［59］。熊沢喜久雄「テーア「合理的農業の原理」における土壌・肥料」『肥料と科学』第三〇号［60］。
（11）近年の研究の進展からリービッヒの影響を克服し、植物は有機物でも無機物でも吸収することが分かってきた。日本有機農業研究会編『基礎講座・有機農業の技術』［49］。

4　独創的な論理展開に基づく船津農法

船津農法は、次のような独創的な論理展開を示す。「総て植物は上根より右等（窒素・燐酸・カリ等、筆者）の養分を多く吸収する…深き地中の根は幾分乎吸収すへしと雖も徐々なるもの」［17］（注1）であり、作物に施用された肥料は気温が高いほど効果は早く、また表面近くに施肥する方が効果があると述べる。

稲や桑を例に、作物の根は表面近くに張る根を上根と言い、地下に深く浸透する根を下根（命根・心根とも）と言い、肥料を吸収するのは主に上根であり、地下に浸透する命根は地下深く水分や養分を吸収する。船津は、作物の苗は「上根が沢山生えている苗が良い苗」［27］、［28］と主張している（注2）が、これは、肥料は地表近くで早く分解し、これを吸収して苗が元気に育つからと述べている。

なお陸稲や里芋栽培等では旱魃の被害の大きいときでも、命根が地下深く浸透している場合、作物の被害は少ない。命根を深く浸透させせるには、耕盤が固くなりすぎないように、四～五年に一度、心土を破砕する「底破法」[22]を実施すると有効であるとする(注3)。

「底破法」については土地利用方式とも関係してくるので次章で論ずる。

以上、講話の主要三項目を中心に論じている船津農法は、選種・育苗等を重視し、遺伝病予防のため種子処理を行って健全な種子や種芋を確保し丈夫な苗を育成することに特徴の一つがある。また良質な有機質肥料や堆肥を製造して基肥を中心に施用する。そして作物の根の生長や分けつに注目し、さらに選抜育種等により作物の性質に改良を加えて良質な農作物品種を確保し生産安定を図ろうとする農法である。

(注)

(1) 上根の発達と養分吸収の役割、静岡県[17]。
(2) 稲や桑の上根と下根の役割、良い苗、長野県[27]、長野県[28]。
(3) 下根・命根と「底破法」について、群馬県・山下篤愛[21]。

第四節　第Ⅱ章のまとめ

船津の提唱する農法は、一部欧米の近代農学（土壌・肥料学等）に学び確立されたところではあるが、多くは在来農法や地域事例の優れた技術を科学的・実証的に検証し、さらに船津自身の独創的考案によって改良された田畑作農法・体系技術である。その成果をまとめたものが、船津の『巡回講話筆記』の農事改良論に見られる。

船津農法確立の意義・目的は、科学に依拠した実践的・主体的認識や意識改革を重視し、「土質（気候含）・肥料」を基本要因とした農法的分析を行っており、土地利用方式、地力再生産機構を中心にした発展論理の究明は、船津独自の農法論（初歩的農法論）と言う事が出来る。

船津農法の特徴は、作物・農業の農法的発展の要因は、「土質（気候含）、肥料、育種（交配）、人工（接木等技術）、手入れ（管理）」と概ね五つあるとみなしたことにあるが、それは試行錯誤と実践的検証の積み重ねにより解明したものである。具体的には次に示すとおりである。

①地域の気候・自然、土地条件を重視した適地・適作、適品種を主張、②良質堆肥の製造を説き、肥料源をわら類や農作物残渣・副産物ばかりでなく、屋敷林・里山・山林の落葉や枝葉にも求め林業との結合による地域資源の活用を重視し、持続性・地域循環体系を説き、③作物の特徴・性質を了知し、無病で健全な種苗を確保するため採種・選種や育苗、種芋貯蔵を重視し、④作物の根の生育と機能（上根・下根）に注目した独創的な施肥法・栽培法を説き、作物本来の生命力を最大限に引き出す農法を提唱しているのである。

その性格は、持続・有機農業的なものであり、今日注目される有機農業とほぼ同一の原理であると思われる。船津農法は「種半作」「苗半作」と言われる選種・育苗を重視、稲麦藁や地域資源を肥料源とした有機農業に由来する栽培法に通ずるものであり、この農法を水稲や桑の他、陸稲・麦・雑穀、芋類、豆類、蔬菜類等、主要作物に広く応用した田畑作農法の体系である。

第Ⅲ章　船津伝次平の「底破法」と田畑二毛作論――土地利用方式・経営方式の視点

第一節　はじめに――本章の課題

明治の老農船津伝次平は、通説では農業全般に精通した優れた老農として、また駒場農学校の農場教師として農学士らを育て、さらに農商務省甲部普通農事巡回教師、農事試験場技師として政府の政策推進の立場にあり、泰西農法（西欧農法）の進んだ技術・学理からも学び、全国に農事改良を推奨した人と評価されている（注1）。しかるに、我が国の農業・農学研究は初めから水田農業・特に稲作偏向の傾向があり、従来の評価の対象は稲作を中心に行われてきた。このため船津農法は、水田農法面で一定の評価を与えられているが、他方、畑作面ではより多くの独創的技術を生みながら、この面では正しい理解がされてこなかった。

本著の著者は、このような従来の問題を正すべきという視点から船津農法の究明を行ってきた（注2）。この理解を踏まえて、さらに本章では船津の田畑底破法（以下「底破法」）や畑二毛作論を検討するとともに、土地利用方式・経営方式についても考察する。

船津農法の田畑二毛作論は注目に値するが、水田農法については代表的な著作『稲作小言』等があり、すでに一定の評価が与えられていることから（注3）、本著では畑二毛作論を中心に論じてみたい。

さて船津に対する養蚕も含めた畑作についての技術的評価は少ない（注4）。荒幡は土地利用方式・経営方式を中心とした農法的視点から船津を究明(注5)、六世紀・後魏の中国農書『斉民要術』に由来する古代中国で定式化された乾地農法との関連で、船津の「底破法」(深耕論)や土地利用方式の独創性について注目する。このことは、日本の畑作農法の位置づけを歴史的に解明する意味でも興味深い。

そこで本稿では、全国を回り(注6)船津が説いた「底破法」や新しい商品作物の栽培法、体系的な畑二毛作論、即ち「耐旱性・集約深耕」農法の体系・本質について、船津の著作や各府県編『農商務省甲部普通農事巡回教師講話筆記』(以下『巡回講話筆記』)等を中心に検討・究明する。

(注)

(1) 船津の総合的な評価としては、石井泰吉[34]六七六〜七三五頁、[37]、柳井久雄[46]参照。

(2) 船津農法については、田中修[52]、[62]、[51]一〜一八頁を参照。

(3) 水稲では選種・育苗、薄播・疎植、集約的栽培管理・水管理等に特徴。斎藤[38]、内田[50]五七〜八〇頁。

(4) 岡光夫は農業技術史的視点から、船津の以下の独創的業績四点を高く評価する。①桑苗簾伏方法、②田畑底破法、③協議試験田の試み、④小農経営の防衛。岡[45]三〇五〜三〇七頁。

(5) 荒幡克己は、従来の日本農業・農学研究における「稲作の独往性」を批判、畑作も含め船津農法の体系性と本質の解明に迫る。船津の経営方式変革論は、①里芋、甘藷栽培の改良の取組み(芋類・根菜類に関心)、②田畑底破法、③養蚕奨励、④畑作における農事改良、水田の乾田化による二毛作化、⑤農道改良、区画整理の推進と牛馬耕の奨励、⑥多角化を目指している、とする。荒幡[48]二一三〜二二〇頁。

(6) 船津の履歴書から全国視察・講演数は、明治十一〜三十一年まで駒場農学校農場教師、農商務省甲部普通農事巡回教師、農事試験場時代と計一一九回、沖縄を除き全国延べ一五三道府県を訪問している(**第2表、第3表**参照)。

第二節　船津農法と「田畑底破法」

1　船津農法の確立

船津は(注1)、「農業は実業で…良品質のものを沢山生産し金を儲ける」[24] ことであり(注2)、そのためには「植物（作物＝筆者）の性質を了知する」こと。また主体的に「植物の性質を変ずる」ことで人々に有益なものになるとする。

繰り返し述べてきたように、「変化」の要因は「土質（気候含）、肥料、育種（交配）、人工（接木等）、手入れ（管理）」の概ね五つであり [24]、土質は土地改良や「底破法」で対応、気候や気象は農業に適切に応用、肥料は各種資源を活用した地域循環を説き、選抜育種等で品種改良を論ずる。中でも最も注意すべきは「種子に病気を含有する」[20] ことと説いている点で、そのために選種・育苗を重視する。また、育苗は薄播・疎植で根の生長・発達（上根・下根）に注目、上根の発達している苗が良い苗 [28] とし、「苗半作」の考えを尊重する。

2　「田畑底破法」の発明と畑作農法

中耕・培土を中心に上根の発達を重視した比較的浅耕な在来畑作農法は、旱魃に弱く、特に陸稲や粟稗、里芋等はしばしば旱害に見舞われていた。「底破法」は、その対処法であると思われる。

船津の「田畑底破法」は(注3)、「田地の耕土大率深さ三四寸畑地の耕土一尺程と仮定し夫より　以下の底土堅固なる為め田地の稲は倒れ易く　又は僅かの旱魃にも枯死する所（石灰を永く施用したる所に多し）」[21] と、石灰を多用した土地は特に旱魃に弱いと述べ、旱魃対策として耕盤破壊・「底破法」の実施が有効であるとするものである。

水田では「田地は稲を刈取り其跡地を犂起し図の如く（図略＝筆者） 畦を造り其畦には大小麦或は菜種又は馬鈴薯等を一二行植置き 其畦間を冬春の雨期中に於て深さ五六寸程打起し而して良く乾燥するを待て其塊を打潰し其儘置き底土とす 又翌年は其所に畦を造り前年の如く大小麦等を播くものとす 而すれは前年の畦下は又畦間となるの都合なり其畦間の底土に前年同様に破法を行へは二ヶ年間にして一回為すことを得る」［21］と「底破法」を二年で一回実施する省力的合理法を説く。

畑作では「畑は陸稲及青芋牛蒡大根等の栽培地に勉て行ふへき方法なり」、と陸稲や芋、根菜類の栽培地に奨めている。畑地は「九月頃大小豆等を抜取り其跡を深さ一尺程に犂起し閑地（五十日程）為し置くは地方の習慣なり 之を（犂鋤するの際に於て一行犂起す毎に）其溝の底土を深さ五六寸打起し（楓葉鍬を用る方便なり但し葉鐵は三本にして目方は八九百目位のもの） 打潰し其儘置き其上に隣の行を犂起したる土を載せ順々に行うものとす」［21］と、豆類の跡地を五十日程閑地にしてから「底破法」を実施することを説く。

その効果は、水田では「四五年間は容易に稲倒れす且つ稔り宜しきものなり 次に又旱魃と雖命根深く地入に透入し居るを以て…旱害を受くること少なし」とある。埼玉県の旱田で旱害を防ぐため「底破法」を実施したところ「挿秧後五六日にして水涸れとなり その後更に水掛せさるも陸稲同様に成育して玄米反に二石余を得たり（軽鬆土及粘埴土に砂の混したる地に効多し）」［21］と言う。

畑作では、「前年の秋底破法を行ふたる畑に陸稲又は青芋（里芋）等を作るときは 旱害の為偉作することなきものなり 牛蒡大根を作るときは力を労せすして抜収することを得るなり」［21］と船津自身が述べている。

こうした船津の「底破法」について、水田研究では、菱沼達也は、耐旱効果の他に水田の代掻きを丁寧に実施すると耕盤形成に役立つが、他方裏作麦の生育のためにはこの耕盤を「底破法」等により時々破壊する必要があると指摘する(注4)。また、岡は「老朽化水田」対策にも、船津の「底破法」は効果があると述べている(注5)。しかるに畑作研究では、船津の「底破法」は、荒幡以外、あまり明確な評価や議論はされてこなかった。

以上、要約すると、船津農法では作物の根は、表面近くに張る根を上根と言い、地下に深く浸透する根を下根・命根と言う。肥料を吸収するのは主に上根であり、命根は地下の水分や養分を吸収する。旱魃被害の大きいときでも、命根が地下深く浸透している場合、作物の被害は少ない。そのためには、耕盤が固くなりすぎないよう四〜五年に一度、耕盤破壊・「底破法」を実施する必要があると説く。

3　「田畑底破法」と中国華北乾地農法

畑作における深耕について、六世紀に書かれた中国の後魏の農書・賈思勰著『斉民要術』によれば、旱害対策における深耕・保水の意義は、古代中国華北・殷（商）の湯王（紀元前十六世紀頃）の時代の乾地農法にまで遡るとされる。『斉民要術』に引用された紀元前一世紀の『氾勝之書』では、殷の時代「湯王の世に旱魃があった時、伊尹は区田を作って農民をして糞種せしめ、水を担いできて作物に注がせた」(注6)と「区田法」に触れている。「区田法」(注7)は、圃場（長辺十八丈、短辺四丈八尺）を十五区画に分け長方形の溝（一丈五寸×四丈八尺）を作り、この溝に播種する耕作法で、手鋤による深耕と集約管理により旱害から作物を守ることを特徴とする。

また『斉民要術』では、前漢時代の畜力耕による趙過の「代田法」についても「捜粟都尉となる。趙過は代田に巧みであった」と触れており、漢の時代にこの農法は定式化されたと思われる(注8)。「代田法」は、圃場の長辺方向に畜力耕により広幅に畝立と溝を交互に作り、一年交代に交互に土地を利用し深耕により旱害防止を狙ったもので、「区田法」と共に乾地農法として中国に古くから伝わる耕作法である。

荒幡克己は『斉民要術』との関係で、船津の「底破法」は、人力による手鋤を利用して深耕するという点では「区田法」に、畝を立てて畝に播種し深耕を三～五年でローテーションを組むという点では「代田法」に似ていると指摘する。

さらに、船津がこうした中国古代の農法を知っていたかどうか定かでないとしながらも、船津の「底破法」について「船津が独自に考案したとすれば、それはそれで彼の独創性には感服するところであるし、また彼が趙過の代田法を日本風にアレンジしたとすれば、それは考えようによっては、独自の考案以上にその農法的本質を理解した鋭さに改めて敬意を表するものである」(注9)と、高く評価する。

筆者は、船津が深耕は旱魃対策に効果がある事を、次に示すように地元で行われてきた簡便な深耕方法を例に論じている事から、在来の農法をヒントに、船津が独自に改良を加えた可能性が高いと考える。

「乾燥宜しき所に於ては郷里の習慣の如く鋤起し　其際一行鋤起こする毎に其下の底土を打起し直に打潰し置くも幾分の効用あるへしと雖も　前法（船津の「底破法」＝筆者）には遠く及ばざるならん」(注10)と、効果は薄いとしながらも、船津は地元で実施されている簡便な深耕法を紹介している。

船津の『巡回講話筆記』では『斉民要術』の引用が複数回あり(注11)、夏蚕の桑樹に対する弊害を論じている。しかし、主穀や雑穀及び一般作物で旱魃対策として引用した例は、今のところ筆者は知らない。従って、船津が『斉民要術』を直接読んでいたかは定かでない。

熊代幸雄は、区田法の特徴は「深耕・密植」農法であるとするが、後魏の『斉民要術』の段階では、すでに「区田法」と「代田法」の融合した「深耕・精作」な乾地農法が完成していたと指摘し、これを「古代亜輪栽式農法」と規定する。熊代の関心は、この「古代亜輪栽式農法」以降の農法展開が、日本農業では畜力犂耕と輪作の未展開という形で表れ、その要因を多毛作化における間作・混作や人力中耕（薅耕）にあるとし、この視点から近代の日本農法を「亜輪栽式農法」(注12)と規定する。その具体事例として「麦−甘藷」や「麦−大豆」の土地利用方式を指摘する。

筆者は、『斉民要術』で定式化された古代乾地農法や深耕が、従来日本の農書や農業に何らかの影響を与えた事例を知らない。また、近世農書についても、深耕と作物の根の生長、旱魃等の関係について論じたものを知らない。それ故、荒幡が高く評価するように船津の深耕や土地利用方式に関しての洞察力や独創性に、改めて敬服するところである。

近年、石原邦は畑作深耕の意義について、年間降水量約五〇〇〜一〇〇〇㎜の欧米農業と一五〇〇〜二〇〇〇㎜のモンスーン・アジアにおける畑作農業との違いを比較し、日本の夏期の畑作旱害は、雨季の過湿による下層の根の発達不足にあり、これが夏期の旱に遭うと旱魃になると指摘する(注13)。その対応には畑地の排水対策が重要で、土地改良や深耕・耕盤破壊等が有効であるとする。

旱魃と根の生長・発達関係に注目し、「底破法」を提唱した船津説をより的確に説明する興味深い指摘である。同時に、船津の指摘が極めて今日的課題でもあることを感じざるを得ない。

（注）

（1）船津の『著作』や『巡回講話筆記』は、非常に平易に具体的な農業技術の問題とその解決策を語っている。しかし、その根拠となる「船津農法」の本質や農法体系を理解するのは難しい。田中［52］、［62］、［51］、群馬県・山下［21］、帝国農家一致結合南佐久郡集会［28］参照。

（2）「船津農法」については、奈良県［24］、長野県［20］、帝国農家一致結合南佐久郡集談会［28］参照。

（3）船津の「田畑底破法」についての説明。群馬県・山下［21］参照。

（4）菱沼達也［68］二九五～三〇〇頁。
（5）岡光夫［45］三〇六頁。
（6）西山武一・熊代幸雄訳［67］五一頁。
（7）当時の圃場区画は、一畝＝短辺四・八丈（一〇・五六m）×長辺十八丈（三九・六m）＝四一八・二㎡、長辺を十五区分し溝を造る。溝面積＝二四・三九㎡。溝と溝の間に小道（幅一尺五寸＝三三cm）十四本をつくる。当時の単位は一丈＝二・二m、一尺＝二二cm、一寸＝二・二cm。岡島・志田訳［71］三九～四〇頁、七六頁。
（8）西山・熊代訳［67］五六頁。
（9）荒幡克己［48］二一五頁。
（10）群馬県・山下［21］二六頁、参照。
（11）船津は、夏蚕は桑栽培の弊害であると論ずる。滋賀県［12］、岩手県［15］。
（12）熊代幸雄はブリンクマンの伝統農法区分を参考に、日本農法の性格規定を行っている。熊代［40］五一頁、三六六頁。
（13）石原邦［72］二三一～二四七頁参照。

第三節　船津農法における畑二毛作論について

1　麦――陸稲

船津が「田畑底破法」を確立した時期は定かでないが（注1）、駒場農学校在職以前から「底破法」が陸稲や里芋等、旱魃に弱い作物の安定栽培に効果があることを知っていたと思われる。

船津担当の駒場農学校「本邦農場」の作付記録から、そこにおける畑夏作物は、陸稲の栽培面積が多く作付比率も高いことが注目される。「本邦農場」の面積は、六町四反（水田一町二反、畑五町二反）（注2）である。畑夏作は、陸稲（一町八・三反）や大小豆類、蕎麦・粟稗等で作付面積合計三町三・一反であり、陸稲の夏作比率は五五・三％と五割を超える（注3）。この場合記録から①小麦―大豆（小豆）＝大麦―陸稲、②陸稲＝菜種―秋ソバ等が作付られていたと、荒幡は推察する。

船津は「本邦農場」で、麦―陸稲の畑二毛作を重視するとともに陸稲の新品種育成にも意欲的に取り組み、陸稲五品種を育成し［10］［12］［26］、水田の少ない府県等の要望に応えている（注4）。

船津は、育成品種名と特性について、評価の高い順に、「不畏旱」（早生、旱魃に強い、米質良し）、「梵天」（多収・良食味）、「雀不知」（早生、東京近辺で栽培）、「赤糯」（良食味・多収）、被霜糯（良食味・多収）等を挙げている。各品種の反当たり収量は、「不畏旱」二・二八石、「梵天」二・六〇石、「雀不知」一・九〇石、「赤糯」二・〇九石、「被霜糯」一・三五石である。これらは東京近辺、千葉・武州（埼玉）開墾地へ入植した川越士族や、福島県安積郡久留米開墾等において試作の要望があり、そこで好評を得たと言う。

栽培法は（注5）、一反歩に稲種三升五合播きを適当とし、播種する土地は「前年の秋一尺三寸程の深さに鋤き反し大小麦を播種し置く又は荏子及び甘藷を仕付する地に翌春播下するを良しとす」［24］と、大麦―甘藷（荏子）＝大麦―陸稲等、作付前の「底破法」の実施や芋類作付を推奨［28］、そうしないと旱害を患うと言う。播種後、土用までは充分葉茎を繁茂させ「炎暑の害を被らさるよう注意し雨降むを見掛けて中耕をなし…土用入りては根先を動かさざるよう栽培すべし」［24］と旱害に注意しながら中耕・除草を行うようにと説く。

2　麦――里芋・甘藷・馬鈴薯等の重視

『巡回講話筆記』では、船津は主穀を補完する作物、新しい商品性の高い畑作物（注6）として里芋・甘藷・馬鈴薯等の芋類を重視する。

里芋栽培では(注7)、船津は、明治六(一八七三)年『里芋栽培法』を著し、栽培法と芋貯蔵法を確立、その普及に努めた。植付圃場は「開墾地面や荏子や甘藷を作りた翌年地深に耕し置きたる所は最も妙なり」[1]と深耕や「底破法」を実施した土地が好ましいとし、植付は「氷がとけたら徐々(そろそろ)始めて木の芽がでたら御仕舞なされよ」、収穫は「遠山なんどに薄雪みるなら御油断なされず霜や氷を受けざる内に」とする。

麦の立毛中の植え付け、間作が通常であるため「麦刈済んだら麦株起して」[1]と中耕を説く。

また旱魃に弱いため夏期の乾燥に注意して、早植えして葉が茂って根元を覆うようになってから、「土用」以降、「雨降り見掛けて土寄せしなされ」、「夕立見かけの手入れを待ちますここらは肝要」[1]と、乾燥に注意を払いながら中耕や除草を行うことを強調する。

甘藷栽培では(注8)、苗床作りは植付の「三四・三五日前に種芋を苗床に入れ」[26]、苗床は稲藁や厩肥の発酵熱を利用し、温度管理は「九〇～一〇〇度F」(三十二・二～三十七・八℃)として、八・九寸の蔓苗を育てる。なお蔓苗は一番蔓でなければ藷はできが悪く、少なくとも二番蔓までとする。

植付は麦間作で「甘藷の蔓苗を植える時期は、五月一〇日～三〇日迄で、大麦の刈期より一五日前、小麦の刈期より二五日程の前」[17]とし、蔓苗は明日植えるとすれば今日切り取り、切り口に灰を付け風の当たらない土間におき「蔓は萎凋せしめて植ゆへし然らされは乾燥したる土地に活きかたし」[24]と土壌の乾燥状況に注意する。

また藷苗を植える場合、畝をたて土の中に「釣り針」のように曲げて植える(当初は舟型植えで苗の切り口を土の外に出すよう奨励)[14][16][27][64]と藷が沢山つくと言う。植える時期は「降雨中か降雨直後は植えると蔓割れ病に罹るものが多い」[23][25]ので、一日おくか降雨前が良いとする。

明治二十（一八八七）年頃には、船津は甘藷栽培法（育苗・移植、栽培、貯蔵）の詳細な改良指導を実施している(注9)。

馬鈴薯栽培では(注10)「一年に三作も出来る」［18］から、貯蔵はあまり心配ない。作付は、前年遅くか早春に麦間作を活かした外来早生種による早期栽培を奨励する。その理由に虫害を避け、「農家食菜欠乏の時」［17］等の救荒性・経済性を考慮し、「諸種の収穫に先ち麦刈りの頃第一の収穫」［12］が出来る。また種芋は大柄で元気な芽のつい た薯を選び、これを二つないし四つに切って木灰を付けて植えるとして、選種を重視する［28］。

他に、麦－茄子や麦－落花生の二毛作栽培も「石苗間」や苗床による育苗・移植を推奨、麦の畦間を広く通常の二尺から倍の四尺とし、茄子や落花生［18］の麦間作にも熱心に取り組んだ。

なお「底破法」は、粟稗にも旱魃時の収量低下に対して防止効果が大きい［19］［20］と説く。

3　畑二毛作論と間作・中耕について

船津は畑二毛作と作期の交替、作物の播種・移植、中耕・除草、収穫等適期作業を重視し(注11)、明治六（一八七三）年、政府の太陽暦採用に伴い旧暦と比較できる「太陽暦耕作一覧」を作成［3］、直ちにこの普及を熊谷県（＝群馬県）に提唱する。

その扱い品目は**第4表**に示すように、稲麦、豆類・雑穀、芋類・根菜類、養蚕・栽桑、蔬菜類・果樹など幅広く、日本のモンスーン気候の季節変動の中、実用的で分かりやすい太陽暦を使用し、適切な時期に農作業の実施を奨励する(注12)。

同年に著された『里芋栽培法』の冒頭には、里芋の植え付け作業の時期は早すぎても遅すぎてもいけない、「千両

第4表　明治初期の北関東農業の土地利用・農作業暦

作目／月	1月〜12月
蚕　早春蚕	1/20蚕種水に入る頃　蚕掃く 4/29頃　蚕上る 5/31始め 6/6盛ん 6/9末　蝶 6/16始め 6/21盛り 6/24末
初夏蚕	5/28蚕上る　6/16蝶盛り　6/21蝶末
桑	1/5肥始め　3/31束桑解き良し　4/1肥盛り　4/20芽出頃　5/28簾伏頃　9/10つかね良し
稲	5/13籾水に入る　5/28苗代盛り　6/24田植始め　7/2盛り　7/7末　8/28早生花咲く　9/6晩生花咲く　11/1早生刈る頃　11/7晩生刈る頃
麦	2/4麦踏み良し　6/4早麦刈る　小麦 10/8播始め 10/31末　畑麦 10/23播始め 10/31盛ん　12/7糞水功あり
稗	7/18播く頃　10/23実る
粟	7/23播く　11/1実る
春・秋そば	春そば4/20播始め4/29末　秋そば8/23播始め9/1末
ごぼう	3/18播く　5/28作入りごぼう播く　10/8 3年ごぼう播く
その他春夏作物	
きゅうり	3/18播く
唐がらし	3/18播く
なす	3/18苗間
さつまいも	3/18苗間　6/6植える　11/1取り入れ
早生いんげん	3/18播く
箒ふくべ	3/18播く
南瓜の類	3/18播く
とうぐわ	3/29播く

作物	作業（月/日）
西瓜	3/29播く
甘瓜	3/29播く
唐もろこし	3/29播く
鶯菜等	3/29播く
芋類（里芋）	3/31植える　7/18手入れ　11/1取り入れ
麻	4/17播く　7/25刈る
豆類	5/2始め　5/21中　5/31末　9/1早生実る
もめん	播く5/6始め　5/13中　5/21末　7/30しんつむ
ごま	5/13播く　7/30しんつむ
みつば	5/21播く
あずき	5/31播く末　6/22畔あづき播く　9/1実る
ささぎの類	5/31播く末
人参	6/9播く
秋いんげん	7/7播く
その他秋冬作物	
大根	8/8播く　12/7ひく頃
油菜	8/23始め　8/28盛り　11/19植える
かぶな	9/8播く
ほうれんそう	9/10播く
水菜	9/12播く
つけなの類	9/12播く　11/19漬ける・覆う
田口菜	9/18播く
ねぎ	5/13植える　9/18播く
らっきょ	9/18播く
にんにく	9/18播く
冬菜	9/18播く　11/19覆う
けしの類	5/28さく　9/18播く
そら豆	10/8播く
えんどう	10/8播く
ぶどうの類	10/8播く

資料：船津伝次平1872（明治6）年『太陽暦耕作一覧』より作成。但し出典：柳井久雄（1989）『老農船津伝次平』上毛新聞社　50～52頁。

の肥料より一時の季節」と適期作業の重要性を指摘する。

間作と播種・育苗・移植について、畑作と水田作の違いは、二毛作の場合に作季の交替期に、水田は移植により行い、畑二毛作では麦の立毛中の間作による夏作の播種や蒔き付け（一部移植・補植も）を行う。そこで船津は、間作に、様々な改良を加え畑二毛作の確立に努めた。

麦—陸稲の場合、陸稲は「水稲に異なり年々同地に栽培するは甚太宜しからす下種の好期は麦の出揃ふを待って」[10] 播種するのが良いとし、陸稲の連作を否定する。その場合、前述のように前作は芋類等とするか「底破法」の実施を説く。

麦—里芋・馬鈴薯等も種芋の植付は、麦の立ち毛中である。里芋の収穫を早めようとする場合、麦は出来るだけ丈の短い品種を選び麦作の畦間を通常の二尺から倍の四尺を奨める。この場合、麦の収穫量は「二・五石から二石程へ」[26]、約二割程度の減収になると言及する。

馬鈴薯も、通常麦間作に植え「麦畑の畦四尺その間に二行植え成すべし」[12] とし、経済性や虫害対策も考慮して、外来早生種を利用して前年末か早春植えにより、六月麦刈りの頃収穫ができる作型を奨励している。

また、麦—甘藷の作付の場合、大・小麦の間作で、甘藷苗を植える季節は五月中旬であるが「五月一〇日～三〇日迄で、大麦の刈期より一五日前、小麦の刈期より二五日程の前」[26] とあるように、大麦と小麦とでは収穫期に約十日間の差があり、後作との関係が調整できる。

茄子や落花生の場合も麦間作となるが、茄子では「石苗間」による促成栽培を [10] [18]、落花生では発芽のロスや鳥鼠の害をさけ、増収のため「苗床による育苗と移植」栽培を奨励する [16] [17]。

このように麦間作の場合(注13)、麦刈取り後の中耕は不可欠であり、船津は「百般植物の耕耘栽培は必す降雨前に於いてすへく」と中耕の適切な実施を重視する。また「地面の乾きたる際即ち降雨前植物の根傍に土を寄す酒粕肥料を施したるよりも効能あり」［20］と、降雨前の中耕の効果を強調する。そして成育中の作物の中耕や除草等の手入れは、病害等との関係からも降雨の直後の作業は控えるよう注意を喚起する。

なお船津は、桑の培養（中耕・培土）についても、当時、奨励された根刈り栽培では「土用布子に、寒帷子」［6］と、夏はできるだけ根元を被い根を守り、冬は根元を寒気に曝した方が良いと栽培管理の基本を述べている（注14）。

（注）

（1）石井［34］には、「田畑底破法」は村吏時代の業績と記載されている。『巡回講話筆記』で「底破法」が最初に明記されるのは、明治二十二（一八八九）年群馬県［18］が最初で、詳細な説明は明治二十四年群馬県・山下［21］にある。

（2）駒場農学校「本邦農場」の面積。柳井［46］一七三頁（原典：農林省農務局編纂（一九三七）『明治前期勧農事蹟輯録』大日本農会）。

（3）駒場農学校「本邦農場」では、陸稲の作付面積比率がかなり高く、船津の陸稲栽培への執着が伺える。荒幡［48］表1、三六三頁。

（4）陸稲品種の評価・特性については岐阜県［10］下、滋賀県［12］、愛知県八名郡農林会［26］参照。反収は「駒場農学校・陸稲耕作の景況報告」（原典：明治十四（一八八一）年『農務顛末第一巻』）より石井が計算。石井［37］一二九頁。

（5）陸稲の栽培法については新潟県［16］、「底破法」との関係では群馬県［18］問答一〇頁、旱魃対策では新潟県［16］四四頁を参照。

（6）麦－里芋では船津『前掲』［1］参照。
麦－甘藷では愛知県八名郡農林会［26］、奈良県［24］、鳥取県［14］、新潟県［16］、長野県西筑摩郡役所［27］、新潟県［29］、滋賀県［23］参照。

麦―馬鈴薯では群馬県［18］問答、静岡県［17］前編、岐阜県［10］、帝国農家一致結合南佐久郡集談会［28］参照。
麦―茄子・落花生では群馬県［18］問答。
麦―粟稗は神奈川県［19］、長野県［20］を参照。

(7)『里芋栽培法』(=「里芋の噺し」)は、船津［1］や岐阜県［10］、滋賀県［12］、鳥取県［14］の付録や岩手県［15］、新潟県［16］、静岡県［17］、神奈川県［19］の本文中等、多くの府県に紹介され、講話もこれに沿って説明される。

(8)船津は甘藷栽培法については育苗、移植、貯蔵法を、気候や土地条件等地域差を考慮して詳細に説く。従来の栽培法に、甘味等品質や収量面でも様々な改良を試みる。新潟県［16］、愛知県八名郡農林会［26］、長野県西筑摩郡役所［27］、帝国農家一致結合南佐久郡集談会［28］等に詳しい。

(9)明治四十五(一九一二)年、川越の赤沢仁兵衛が『実験甘藷栽培法』［64］を著した。しかし船津は明治十(一八七七)年頃には甘藷栽培法を確立し、一八八七年以降の『巡回講話』で詳細な栽培技術を説いている。一八九四年愛知県八名郡農林会［26］序文には「就中種子選択の術甘藷曲がり挿しの法の如き最も管易にて効果多し」と高い称賛を得ている。

(10)馬鈴薯栽培では、虫害や救荒性・経済性を重視し、外来早生種により六月頃の収穫を奨励。選種により栽培法も改良。帝国農家一致結合南佐久郡集談会［28］。

(11)太陽暦耕作一覧については［3］参照。麦間作では、陸稲は岐阜県［10］下、里芋は愛知県八名郡農林会［26］、滋賀県［12］、甘藷は愛知県八名郡農林会［26］、茄子・落花生は岐阜県［10］下、群馬県［18］問答、新潟県［16］、静岡県［17］、参照。中耕については長野県［20］参照。栽桑については船津［6］参照。

(12)『太陽暦耕作一覧』［3］は、扱い品目が幅広く多い。稲・麦・芋類・桑等計四四品目四七作型で、他に果樹六、樹木苗八品目を扱う。内春夏作二五、秋冬作一六、多年生二品目、永年作物等。

(13)熊代は耨耕について、「〝耨耕農法〟とは〝鍬の農法〟である。もう少しつっこんでいえば〝人力によって間引・培土・中耕・除草をする農法〟」と定義。熊代『前掲』［40］三六五頁。

（14）船津は桑の中耕でも根の生育に注意を払う。また良い桑苗は「上根が沢山あるをいうなり…生長が宜しい」帝国農家一致結合南佐久郡集談会［28］と言う。

第四節　土地利用方式と経営方式

1　明治〜昭和前期の畑作土地利用

幕末・明治初期の畑作農業は、自給的作物として冬作は大小麦、夏作は粟・稗・大豆・蕎麦等の豆類・雑穀等であり、関東の場合、これに秋野菜を組み入れた二年三作的土地利用が中心であったと思われる。これに対し船津は麦作との間作二毛作により陸稲、甘藷、里芋、馬鈴薯、落花生、茄子及び永年性の桑の根刈り栽培等、新しい商品性の高い作物の導入と栽培法の普及に努めた（注1）。

山田龍雄は、麦類は重要であるが「麦は冬作物であり、畑地で最も太陽エネルギーを利用すべき夏作物が、畑作の本命でなければならない」（注2）と述べる。**第5表**に示すとおり、明治・大正期の畑夏作物を統計で見ると、船津の重視した甘藷、陸稲、馬鈴薯、里芋、桑・繭の面積・生産量の増加が著しい。

2　農法の比較と土地利用方式

駒場農学校における泰西農場と本邦農場の比較意図は、政府が欧米の大規模有畜複合経営の優位性を示し、欧米化農政の推奨モデルとしたかったことにあると思われる。しかし実際、船津が『稲作小言』でも触れているように、在来農法は、畜力耕を中心とする大規模畑輪作農法や有畜複合農業に容易に移行できる状況ではなかった（注3）。むし

第５表　明治期～昭和初期における夏畑作物の動向

	作付面積			生産量		
	1884年（明治17）	1912年（大正元）	1955年（昭和30）	1884年（明治17）	1912年（大正元）	1955年（昭和30）
	千町（%）	千町（%）	千町（%）	千石（%）	千石（%）	千石（%）
陸稲	42.7（100）	109.9（257）	178.6（418）	193.4（100）	961.0（497）	2,077.0（1,074）
あわ	232.0（100）	176.9（76）	35.2（15）	1,491.6（100）	1,845.5（124）	351.0（24）
きび	32.6（100）	33.1（102）	15.6（48）	246.6（100）	381.3（155）	175.0（71）
ひえ	97.8（100）	56.1（57）	32.2（33）	1,070.8（100）	708.0（66）	663.9（62）
そば	153.7（100）	146.6（95）	48.3（31）	653.7（100）	996.7（152）	349.3（53）
とうもろこし	22.1（100）	56.4（255）	50.3（228）	29.5（100）	742.6（2517）	762.3（2584）
大豆	442.7（100）	471.6（107）	388.4（88）	2,346.1（100）	3,491.5（149）	3,930.9（168）
小豆	64.3（100）	135.2（210）	136.4（212）	321.1（100）	944.5（294）	3,194.3（995）
				千石（%）	千石（%）	千斤
落花生	5.4（100）	10.0（185）	26.1（484）	266.2（100）	391.0（147）	78,050（－）
				千貫（%）	千貫（%）	千貫（%）
甘藷	177.4（100）	270.8（153）	379.5（214）	370,966（100）	859,198（232）	1,914,627（516）
馬鈴薯	10.0（100）	70.5（705）	212.9（213）	11,958（100）	186,292（1,558）	775,452（6,485）
里芋	56.9（100）	61.7（108）	41.0（72）	138,906（100）	160,856（116）	132,326（95）
				千貫（%）	千貫（%）	千貫（%）
桑・繭	93,703（100）	453,556（484）	188,680（201）	11,632（100）	44,519（383）	30,499（262）
桑園・上繭	67,775（100）	365,996（540）	159,380（235）	9,574（100）	36,099（377）	27,486（287）

資料：加用信文監修・農政調査委員会編 1977『日本農業基礎統計』農林統計協会より作成。

注：１）落花生の 1884 年は 1905（明治 38）年の数値を、里芋の 1884 年は 1909（明治 42）年の数値を使用。

２）桑と繭に関しては、戦前戦後通して昭和５年がピークで、それぞれ 713,469 町歩（761%）、106,424 千貫（915%）である。

ろ現実は、在来農法を見直し日本農業近代化の道を明らかにすることであり、船津の役割は西欧農法の先進技術に学びながらも、実証的視点から在来農法を見直し再構築することであった。

ドイツ人技師マックス・フェスカは、日本各地を調査、明治二十四（一八九一）年に『日本地産論』を著し、日本農業の課題は、深耕・多肥や輪作体系の確立等が重要であることを、実態調査に基づき科学的に明らかにした（注４）。

明治十五（一八八二）年以降の老農の各地における活躍や、同二十六年創立の農事試験場等の地道な試験の積み重ねにより、明治後期に水田農業では「乾田馬耕・深耕多肥」、正条植え、水田二毛作に特徴を持つ「明治農法」が確立されたとされる（注５）。同時期、船津は「底破法」、人力中耕・間作（畜力耕を否定しない）、新しい商品作物の導入による畑二毛作、すなわち「耐旱性・集約深耕」農法を確立し『巡回講話』で普及に努めた。

すでに触れたように、熊代幸雄は「畑間作・人力中耕」を否定的に受け止めているが、船津はこれを「底破法」や畑二毛作と結合させ、多様で集約的な畑作農業の展開へと導いた。

従来の「明治農法」論は、船津農法論と重なる部分もあるが、水田農法論に偏っていた。船津農法は、畑作も含めた「明治農法」の確立と考える。

3　小農集約的多品目経営

船津の新しい作物導入による畑二毛作論は、深耕を含む耐旱性の作物栽培法（麦―陸稲・甘藷・里芋・落花生等）の確立であり、畑二毛作体系における生産安定や技術の向上に貢献した。

小農の多様な商品作物の導入は、明治四（一八七一）年の大蔵省達「田畑勝手作許可」により、それまで閉ざされてきた作物選択の自由の扉が開かれたことを契機とする。しかし技術的に選択の幅を拡大し自由の道を切り開いたのは、船津農法の功績であり近代小農集約経営への道であった。

船津は、新しい商品作物の導入を、単品技術ではなく体系的二毛作技術として完成させ、集約的な土地利用方式・経営方式の確立を考えた。また当時、年々人口増加が進み、これに対応した農地拡大の困難な中で、田畑二毛作による土地集約・労働集約的な多品目経営（注6）の方向を示した。

船津の集約的技術体系の担い手について、先行研究ではⅠ章ですでに触れたように石井、柳井らが船津家の家訓「一農地を多く所有すべからず、また多く作るべからず　一、農業は雇用二名、馬一匹にて営みうるぐらいを度とすべし」によるもの、と自作精農主義について説いている。

船津自身どのような担い手を考えていたかについて、鳥取県『巡回講話筆記』［14］では「日本の農業を盛大になすは如何なる順序に由る哉」との篤農の質問に対して、「先ず地主をして、漸々多作せしむるにあり我に多作を初むと雖とも農理の学問に暗きときは計算立たさるの結果を致すへし　故に能わさると云うへきなり此を以て地主の子弟は必ず農学校に就かしめ農事必用的の理学を研究せしめて后ち実地の業を取らは可ならん」と農学校で学んだ地主の子弟の自作農化を述べ、駒場農学校の場合において「本年四月中別科制を募集す…但し田畑二町歩以上所有の子弟に限る　即ち卒業後家に帰りて計画し業を採らは盛大ならしむるにも容易ならん」と、二町歩規模以上の自作中農の精農家の育成を目指している(注7)。

船津の指導の痕跡は、戦前の関東農業では、稲麦・養蚕の複合経営や、陸稲・里芋・甘藷・豆類等の集約的な畑多品目経営・田畑複合経営等にみられ、秋作業には畜力耕が認められるが、畑夏作では間作・人力中耕が中心の小農集約的な多品目経営（自作中農含）が主流であったと思われる(注8)。

(注)

(1) 新しい畑商品作物とその導入について、田中［62］［51］、荒幡［48］参照。
(2) 畑夏作の重要性について、山田龍雄［70］二八五～三二五頁。
(3) 船津が駒場農学校を辞めた事情にも関連すると考える。柳井［46］。その後、船津農法は「巡回講話」を重ねながら実践的体系的に形成された。
(4) フェスカの日本農業評価、飯沼二郎［69］三～二〇頁。
(5) 「明治農法」の成立過程については、「第2篇日本資本主義確立期の農業上・下」『日本農業発達史』四［65］、五［66］で詳細に触れている。
(6) 船津は、人口増加に対し田畑面積拡大の困難性から土地改良による二毛作・経営集約化を説く、愛知県八名郡農林会

［26］。船津の多角経営論について、荒幡［48］。

（7）農学校で近代農学を学んだ地主の子弟の自作中農の精農家の育成を奨励。鳥取県［14］参照。

（8）明治以降、高度成長期以前の関東田畑複合農業経営の原型について、永田恵十郎編著［42］六〇、二七四頁参照。

第五節　第Ⅲ章のまとめ

船津の「底破法」と畑二毛作論による「耐旱性・集約深耕」農法の確立は、すでに見たように明治期の畑作における新しい商品作物の導入と生産安定に貢献したと思われる。

それは古代中国農書『斉民要術』で定式化された乾地農法に直接通ずるものではないが、船津が在来農法にヒントを得て独自に改良した成果と考えられ、深耕による土壌環境の改善と作物の根の生長関係の解明など、日本の畑作農法変革の本質に触れるものとして注目される。

この農法は、畑夏作の陸稲、里芋・甘藷等芋類・根菜類の旱魃対策や収量安定のための栽培法として、新しい商品作物導入の選択の幅を拡大し、近代小農集約的多品目経営（自作中農含）への道を切り開いた。

また、この農法は畑作における「明治農法」の確立とも言える。それは関東田畑二毛作地域において、明治以降、戦後の高度成長期以前に到る間に見られた稲麦・養蚕複合経営や集約的畑多品目経営の原型であると考える。

第Ⅳ章　船津伝次平の養蚕法

第一節　はじめに――本章の目的および課題

維新後、明治政府は殖産興業を掲げてその指導者育成のため明治九年札幌農学校、同十一年駒場農学校を開設、それぞれに外国人教師を高額で雇用し旧士族の子弟を中心に教育指導に当たらせた。そうした中、駒場農学校で日本人でただ一人船津伝次平が農場教師として採用された(注1)。

船津は農業全般に精通し非常に博学で、とりわけ当時最も重要視されていた稲作や養蚕の在来農法に関して実践的に明るかった。「老農」と言えばとかく稲作技術に明るい人物に偏るが、船津は上州（群馬県）という地域に足場を置いて活躍し、稲作と養蚕の両者に精通する他、畑作や農業全般に明るく広い知見を持っていた。

船津の著作で従来紹介された主なものでは、『太陽暦耕作一覧』（明治六年）、『里芋栽培法』（同六年）や『稲作小言』（同二十三年）など普通作物や一般農事に関するものが代表作に挙げられるが、養蚕についても数点ある。まず『桑苗簾伏方法』（明治六年）は、桑の葉を蚕に与えた後の桑の枝条を利用する簡易で経済的な桑苗増殖法として有名である。また『養蚕の教』（同八年）では、迷信に囚われずしっかり養蚕を習得すれば、新しい商品作物として高い収益（分限＝もうけ）が得られることを啓発している。

ところが農商務省の甲部普通農事巡回教師時代には、養蚕に関して船津の講話・問答は栽桑に限定されている。その理由は従来から指摘されるように、明治二十年頃には政府の農政方針や大学・研究機関の組織整備が進展し専門分野の責任制と壁（縦割り行政）が船津の言動を縛るようになったと思われる。また当時は養蚕法の発展が著しく高山社清温育等新しい飼育法が普及し、船津の清涼育はその役割を終えつつあったと考える（注2）。

しかし、船津の養蚕法は幕末から明治二十年頃までの群馬県内、特に前橋周辺の養蚕経営や技術水準を知る上で、貴重な資料であるばかりでなく前橋藩政時代の領内養蚕事情を知る重要な手掛かりでもある。また『栽桑実験録』（明治十六年）は、駒場農学校での講義録をまとめたものとして桑の品種、桑苗の増殖法について詳細に触れ、桑苗の移植・仕立法、肥培管理の基本技術を体系的に論じており、長く桑栽培技術の基本とされ大正・昭和期まで見通した力作である。

さらに角田喜右作著『桑樹萎縮病予防問答』（明治三十一年）については、栽桑論や萎縮病対策について角田の質問に船津が応答した内容を著したとされ、栽桑、肥培管理の技術的要点を示しており、桑栽培の本質をとらえた船津農法の深い洞察が窺える。

本章では、従来ほとんど論じられていない駒場農学校時代の船津の養蚕法について検討を試みる。岐阜県『農談筆記』上・下（明治十五年）や滋賀県『農談筆記』（同十七年）等においては、栽桑技術の他に養蚕経営や育蚕論についても、体系的、詳細に論じていることに注目したい（注3）。船津は、駒場農学校教師時代には、稲作や普通作物の他に養蚕法（養蚕経営、育蚕、栽桑）の改良も重視し、請われて群馬県内や他府県（岐阜、滋賀、京都、鳥取、岩手等）で熱心に指導した。

船津の養蚕法の評価について結論を先に述べれば、彼が歩んだ立場上の縛りからして、従来あまりにも桑栽培に限定された評価であったと言える。

栽桑に関しては、『桑苗簾伏方法』や『栽桑実験録』等著名な労作がある。その特徴は、養蚕の急速な発展に伴う桑園の造成拡大のため、当時注目された桑苗の増殖、桑の根刈り仕立て（強剪定）と桑樹生理の関係、仕立法等、桑を養蚕の基礎となす栽培作物として位置づけ、根の生長を重視して肥培管理の基本を説いたことにある。

また船津の飼育法は田島弥平の「清涼育」に近いところがあるが、糸繭用の飼育を重視し繭糸の解舒しやすい品種である日本種白繭の「鬼縮」、「青熟」「小石丸」等の品種を推奨する。この様なことから船津養蚕法は、田島の「清涼育」と高山社の「清温育」（＝折衷育）の間を埋めるものとして位置づけられる。さらに船津の養蚕経営論は、当時の一般養蚕農家（複合経営や多角経営の一部門）を意識して論じたものと思われる。田島の養蚕法が大規模な蚕種家（蚕種専業）の経営技術であったのと対照的である。さらに飼育技術の不安定性や糸繭相場の変動、投機性を考慮し、複合経営やリスク管理の重要性も論じていることでも注目される。

（注）

（1）駒場農学校では最初五名のイギリス人教師（農学カスタンス、獣医マックスブライド、農芸化学キンチ、英語コックス、試業科ベグビー）が配置されイギリス農業論を中心に講義したが、日本農業の勉学の役に立たなかった。この時、駒場農学校の試業科（農場担当）教師として船津伝次平は就任したが、彼の教育・研究姿勢と農業技術の評価が高まった。明治十三年イギリス人教師らは、土壌・肥料学を中心とする実学を重んじるドイツ人教師のケンネルやフェスカらに順次交代した。斎藤之男［38］『日本農学史』一四八～一五四頁、一五七～一六五頁。

（2）明治十九年以降、農商務省甲部普通農事巡廻教師としての船津の巡回講話の内容は、普通農事（普通作物、栽桑含）に限定されたと考える。この時点での船津の農業論は、通説のとおり『稲作小言』の大規模有畜経営批判に示されるように政府方針と必ずしも一致していない。石井泰吉［34］六七～六九頁参照。

明治二十三年第三回内国勧業博覧会で高山社「清温育」（折衷育）が高い評価を受け、以降折衷育が全国的に普及し隆盛となる。田中修［47］六〇～八〇頁参照。

（3）従来、船津伝次平の養蚕経営論や育蚕論はほとんど（『養蚕の教』以外は）論じられていない。栽桑論では『桑苗簾伏方法』や『栽桑実験録』等があるが、技術論的な評価はあまり明確にされていない。

船津は、駒場農学校時代には、育蚕も含め養蚕の技術指導を、岐阜県『農談筆記』［10］、北海道［11］、滋賀県［12］、京都府、鳥取県『巡回講話筆記』［14］、岩手県［15］等の諸県で行っている。京都府は、柳井久雄［46］一八九頁参照。

第二節　船津農法と養蚕法

1　船津伝次平の農事改良の功績と著作

明治維新後、新政府により殖産興業が推進され、日本農業は主穀中心の農業から商業的農業へと、栽培作物の多様な展開が図られた。しかし次第に稲作と養蚕が中心の農業へ進むことになり、この両者に精通した船津の役割は極めて重要な立場にあった。

船津を除く、明治三老農（奈良県の中村直三、香川県の奈良専二、中村死後は福岡県の林遠里）の功績は主に水田農業に関するものが中心であった。これに対して船津は、稲作・養蚕を始めとして田畑作全般に亘り幅広い分野において実用的な技術改良を体系的に論じている。また実証試験を重視した科学的検証法やチョボクレ節など、農民に対する大衆的教育姿勢についても注目される。養蚕法についての船津の功績を時期別に追ってみる。

（1）在郷時代（明治十年十二月以前）

前橋藩時代、明治元年には郷中取締役勧農方として活躍。明治六年には地租改正、北第三大区の用掛で活躍している。著書には『太陽暦耕作一覧』［3］、『桑苗簾伏方法』［2］、『養蚕の教』［4］がある。

（2）駒場農学校時代（明治十年十二月〜十九年三月）

駒場農学校農場教師時代は、多くの近代農学・農業の指導者の育成に関わりをもった。船津の指導を受けた著名な人物の中には横井時敬（農政・農業経営）、玉利喜造（農学）、酒匂常明（農学・農芸化学）、佐々木忠次郎（養蚕・栽桑学）、沢野淳（農芸化学）、押川則吉（農学）らがいる（注1）。その影響と伝統は、駒場農学校から東京大学農学部、東京農工大学、東京教育大学農学部（現筑波大学農林学類）に継承されたと思われる（注2）。

船津の養蚕法については栽桑論以外、従来ほとんど検討されていない。当時各地で開催された農談会へ出席した際、問答集としてまとめられたものに明治十五年岐阜県『農談筆記』［10］（注3）、同十七年北海道『農談筆記』［11］、同十七年滋賀県『農談筆記』［12］等があり、そこでは養蚕経営や育蚕（飼育）、栽桑を論じている。また『栽桑実験録』（明治十六年）［6］は、駒場農学校での講義録をまとめたものとして桑の品種、桑苗の増殖法では簾伏方法、撞木（しゅもく）、挿木、実生（みしょう）等について詳細に触れ、桑苗の移植・仕立法、肥培管理の基本を体系的に論じており、大正・昭和期までを見通した栽桑技術の基本を論ずる著作とされた。

（3）農商務省時代（明治十八年八月〜二十六年七月）

この時代、船津は農商務省甲部普通農事巡回教師として農事の改良普及のため全国を巡回、現場の農家と向き合った指導を行っている。同時に、彼は中農・精農の育成指導を重視した。

担当は普通作物で稲麦作や芋類、豆類等の技術指導が中心、代表的な業績には『稲作小言』（明治二十三年）［7］がある。養蚕に関しては栽桑が中心で優良な桑苗の増殖や桑を永年作物として桑園の肥培管理について論じている。

（4）農事試験場時代（明治二十六年四月〜同三十一年三月）

船津の当時の担当は巡回教師時代と同様で普通作物の技術改良が中心であったと思われる。ここでは普通農作物の他、米の炊き方や農産加工にも言及している。養蚕では船津伝次平応答・角田喜右作著『桑樹萎縮病予防問答』（明治三十一年）［9］がある。

なお、時代区分で年月の重なる部分は兼務である。

（注）

（1）駒場農学校時代に船津の教えを受けた者。大友農夫寿『郷土の人船津伝次平』［36］一三〇頁。

（2）駒場農学校は、明治十九年東京農林学校へ、同二十三年帝国大学農科大学へと発展し、同三十一年東京帝国大学農科大学本科、同大実科、同大内農業教員養成所と分岐する。これら三者はそれぞれ東京帝国大学農学部（現東京大学農学部）、昭和十年東京高等農林学校（現東京農工大学）、昭和十二年東京農業教育専門学校（同二十四年東京教育大学農学部、さらに現筑波大学農林学類）となる。斎藤之男『日本農学史』［38］参照。

（3）船津伝次平は、明治十四年一月十二日、九月二十七日岐阜県に出張。一月の出張は尾崎県令の要望による岐阜農学校での三十日間の講義実習（打合せか）であると言われるが詳細は不明。この間一月中旬に農談会が開催され出席し質問に応答。石井［37］五〇頁：原典『農務顛末』第6巻第31参考雑件ノ四参照。九月は二十七日岐阜県に到着、二十八日県庁で篤農の農談質問に応答、九月二十九日〜十月二十一日まで二十三日間岐阜農学校で午前講義、午後各郡農事篤志の質問に応答、他に春の農談会での問答筆記の出版打ち合わせ等。十月二十三日石川県に向け出立とある。柳井［46］一八六〜九頁、原典：安藤圓秀編『駒場農学校等資料』東京大学出版会、一九六六年、三四九頁。

2　船津伝次平の養蚕法

岐阜県『農談筆記』上・下巻は、明治十五年七月に出版されたが、上巻の目次は「桑樹選択法、桑樹蕃殖法、桑樹移植法、桑樹培養法、桑樹伐採及ヒ功用〈以上栽桑論、筆者〉」、「養蚕法、蚕室建築法、養蚕の分限、養蚕の器械、蚕種鑑定法〈同養蚕経営論〉」、「蚕児発生の時期、蚕児の掃立、初眠の事、二眠の事、三眠の事、三眠より四眠までの事、養桑を与えてより上簇までの事、上簇より収繭までの事、選繭及ひ蒸殺の事、種繭の事〈同育蚕論〉」[10]と、栽桑、養蚕経営、育蚕論など、船津の養蚕法全般が論じられている（注1）。

注目すべき第一は、新しい商品生産時代の農業経営として養蚕経営を論じており、その将来的発展性に触れていることである。また第二には育蚕が体系的に論じられており清温育や温暖育を批判し、糸繭生産を目標とする清涼育が説かれていることである。船津は糸繭用品種として白繭種「青熟」「小石丸」「鬼縮」等を推奨し、田島弥平の「清涼育」と高山社の「清温育」の中間に位置する。第三に栽桑では育苗を重視し桑苗増殖や桑を永年栽培作物とし桑園の肥培管理法「土用布子に寒帷子」等、栽桑全般を体系的に論じていることである。

他に明治十七年六月出版北海道『農談筆記』「第三栽桑養蚕之部（43～48問）」[11]や明治十七年十二月出版滋賀県『農談筆記』の緒言、付録、「栽桑養蚕の部（1－29問）」[12]等にも養蚕（育蚕・経営を含）について詳しく答えている（注2）。

（注）

（1）岐阜県『農談筆記』[10]同書下巻・目次には、問答一～七九件、桑に関する問答一～一五件、育蚕に関する問答一六～二七件、二七件以降はその他作物や農事全般五二件、付録『養蚕の教』、が掲載されている。

（2）農業の多角経営の一部門として「他の部門に障碍なき養法を用ひ務めて早生の蚕児飼養する」のが有利とする。滋賀県『農談筆記』[12]一四頁。

第三節　養蚕経営論

1　養蚕経営

船津の養蚕経営論は、岐阜県『農談筆記』上巻・目次「養蚕法、蚕室建築法、養蚕の分限、養蚕の器械」や下巻の「問答」に分かりやすく詳細に説かれている。

そこでは養蚕経営について、新しい商品農業としての発展可能性を養蚕家の「分限」（金儲け）として論じ、また当時の養蚕の位置づけを、飼育の難しさ、価格や経営の不安定性から経営合理化・多角化の必要を推奨し、リスク管理にも触れている。

船津の養蚕論は、掃立から上簇までを体系的に論じ清温育や温暖育には批判的であり、目的・立場は「糸繭生産」としての清涼育を論じ、繭糸の解舒や質、糸量を重視した繭品種の選定を行っており、その意味では田島弥平の「種繭生産」を目的とした清涼育とはやや異なり、むしろ高山社の「糸繭生産」を目的とした飼育法に通じている。

「養蚕法大意」において、船津は近来各地より「養蚕の伝習を得んが為め上野信濃岩代等の諸国に留学する者年を遂ふて益々多し」〔10〕と言い、飼育器材や飼育方法は各地により異なり各地の特産物により竹籠や簇の素材も大きさも異なる状況である。また「近来其の著書に乏しからす　然れども甲の地に適するもの必ずしも乙の地に適すと謂ふ可からす」と普遍的な手法を説く蚕書は未だないとし(注1)、多年の自らの経験から清涼育を説いている。

(注)

（1）新しい飼育法の模索「養蚕法大意」〔10〕四一頁。種繭生産から糸繭生産へ、これに対応した清涼育から折衷育への飼育法の転換期。「表3－12　明治中期群馬県下における主な養蚕技術の指導組織」田中修〔47〕六六頁参照。

（1）蚕室と経営規模

まず「蚕室建築法」では蚕室環境について、①河畔は「昼間温暖にして夜中冷気なり故に昼夜の寒暖変動の著きより蚕児に疾病来すなく上作を得る」［10］と養蚕適地とする。②また家屋建築の場所は、低すぎや高すぎの地を避けた方が良いとする。二階を設け「天窓を通して平常空気の流通特に注意すべし」と、二階建て天窓付き家屋が良いと説く。③山間地では「昼暖にして夜冷なる地の蚕室は低くして狭きを可とす　是清温育天然育共に其宜を得ればなり」と天然育や清温育を良く知れば山間地の蚕室は天井を低くし蚕室は狭くするのが保温上当然のことである。また山間地では「南北二間半位（東西適宜）の蚕室」を設けるべしと説く。④平坦地の砂地では「蚕室狭小なるときは日光の反射極て甚だしく夜間に至も冷気ならす」と、平地では蚕室が狭小であると換気・通風が悪く蚕児は傷害を被る、と説く。

島村地方について「上州地方養蚕最も旺盛なる島村に於ては蚕室に抽気窓の突出せざるものなし」と総櫓か複数の櫓付の蚕室を紹介、これに比べ「厩橋在なる川原村地方（現前橋市近郊）には　蚕室に一の通気櫓を設蓋し該地は夜間寒気甚たしきを以てなり」［10］と、前橋近郊では夜間冷えるので一ヵ所の櫓付蚕室であることを指摘する（注1）。

蚕室の屋根については「藁葺きを最良とし板葺き之に次き瓦葺又之に次く」［10］と瓦葺きは一番評価が低い。田島弥平も『養蚕新論』では同論であるが、田島は防火のため瓦葺き屋根とし越屋根を設け屋根裏に熱気が籠もらないよう工夫し空気の循環を図った。

標準的な経営事例として「蚕室は桁行五間梁二間半の二層にして原紙五枚を飼育し　又暑気酷しきときは室中に於て焚火すへし　然るときは外気投入し内外の空気交換するを以て大に蚕児の生育を助くと　此説最も妙なり」［10］と、養蚕経営規模を蚕種五枚程度と述べ、酷暑の時は室内で焚き火して空気の流通を図ることも良いとする（注2）。

(2) 養蚕の分限(金儲け、商品生産)

養蚕を行うには「先つ蚕室の広狭機械の整否人員の衆寡桑葉の多少等能く其分限に超過せさらんことに注意すへし然らすして漫りに多く飼養せんとして大に失敗を為すことあり」[10]と、家族の疾病や分限を超えた掃立による壮蚕期の桑不足等、不作に因らない養蚕の失敗(経営の失敗)が上州地方の養蚕家には多いと説明する。

若し「豊穰にして分限に超ると認むるときは宜く其の分余を放棄し或は他の欠乏者に分与すへし是れ損失を未然に防くの良策なり其の過不足を監査するには三眠以前たるへし」[10]と、養蚕での損失を未然に防ぐ方策は三眠時までに飼育の継続をするか否かの判断をなすべきであると説く。

養蚕は「第一分限を計らすんは大に失錯を為すものなり故に余の今説く所も多量を論せすして仮に原紙三枚を以て飼養するものとす」[10]と、養蚕で儲けようとする者は大いに失敗も経験するものでもあり、そのため入門者は大規模でなく経営規模を原紙三枚程度(やや小規模)がよいと説く。

そこにおける生産力・技術指標は「原紙は縦一尺一寸五分横七寸五分あり之か卵子を計ふるに凡そ五万五千とす此の原紙一枚にして一石二斗を得るを最上等とし一石を得るを上作とし八九斗を通常とし以下を違作とす」[10]と、経営・技術上の規準を明確にしているが、合理的で分かりやすく説明している(注3)。

また、繭質の判断も(品種による差はあるが)「成繭一升の繭数を二五十粒より四五十粒に至る其の量目百匁より百十五匁にして製糸の量は九匁乃至十二三匁になるへし」と具体的に示している。

さらに蚕種で儲けた事例として「曾て養蚕豊熟し且蚕種紙も非常に騰貴せしことあり該時上州某村の一女子は純益金七百餘圓を収得せしと云ふ　以て養蚕の収益莫大なるを知る」と養蚕の女子分限者(成功者)について語る。因みに当時の総理大臣の月給が六〇〇円、船津の駒場農学校での月給が三〇円の時代である。

（3）養蚕の器械（用具・器材＝筆者）

船津は「原紙三枚を以て定律となす」と標準経営（入門期）を設定している。その場合、蚕籠は原紙一枚当たり小籠五十枚、「上州川原植野諸村」では大籠三十枚（縦五尺八九寸×横三尺四五寸）として、小籠なら合計百五十枚、大籠ならば計九十枚とする［10］。

他に蓆百五十枚（大籠の場合九十枚）が必要で地域の寒暖差で蓆は厚薄があり、蓆は蚕棚（蚕架）蚕籠の大小に合わせる。蚕網（稚蚕期使用）は原紙三枚に二十二枚必要でその値二十二円内外。その他寒暖計、蚕簾（壮蚕に使用）、庖丁、砥石、箕、篩（ふるい）、桑切鎌等を原紙三枚に合わせて揃えるとする。

（4）蚕種鑑定法（蚕種の選定法）

蚕種を購入するとき鑑定は、言葉で容易に示すことができないとする。抑も「蚕種の善良なるものを鑑定するには外面の華美なるを以て軽々断定す可からす　何とならはその外面の佳美なるも以て原質未た必ずしも良好なる能はす」［10］。船津の経験から「寧ろ飼育者の如何に由て鑑定すべしと　此言寔〈まこと〉に然り是飼養者の熟達なるものは自然蚕児強壮にして善良なるものなり」と説く。

蚕卵紙の購入者は、先ず①「其製造家に就て飼養方を熟視し自家に適不適を考察し飼養の易きを撰むへし」。遠隔地から購入の場合、②容易に飼養者に接することが不可能なので、簡易な識別方法として「製絲に節なくほぐれ易きを要す　若し節多くほぐれ兼ぬる繭等あるときは明年必す此の弊を来すものなり」と、実際に糸を引いて検証し購入する必要性を強調する。その識別方法は「土瓶様の器に沸湯を容れ置き繭を投し四百廻り器械を用ふるときは直ちに節とほぐれとは識別するを得へし」（なお一個の繭は糸の長さが「長きは二千六七百尺にして短きは千四五百尺」）とある（注4）。

地域では「蚕の発生に遅速ありと雖も凡て早きは性力強健にして晩きは蚕児孱弱（せんじゃく）（よはく）なるもの」と、進蚕（成育が進んだ蚕）が良いと言う。

また、「開墾地の桑を以て飼養せし蚕児は分方多く出るものなり」と開墾地の桑を利用した場合、蚕種が多くとれる。島村等では「精撰会社の規則として先つ蚕種製造すれは本社に集め衆人鑑定の上投票を為し最下等なるものは他邦へ輸出するを許さす」［10］と、蚕種生産地の場合、品質管理が厳しいこと等にも触れている。

当時は、一般養蚕家も可能であった蚕種の自家製造についても触れ、「原種壱枚より得る所の繭を大略壱石貳斗と仮定するときは蚕種何枚を得るや」との質問に対して（注5）、船津は「進蚕の繭大略貳斗退蚕〈生育遅い〉の繭大略貳斗玉繭（二蚕にて壱繭をなすもの）及び不形とも大略貳斗之を合すれば六斗なり　而してこの分は取り除き残り六斗を以て種繭とす　又蛾ノ発生に早晩雌雄の差あり共に減ずる分合わせて二分とすれば　良種繭六斗の内壱斗二升を減ずるものとなるべし　残り四斗八升なり蛆はさらになしと雖も良蚕種は四十枚乃至五十枚なるべし」［10］と、答えている。

（注）

（1）養蚕の立地環境と蚕室構造について、岐阜県『農談筆記』［10］二〇～二二頁。島村地方の抽気窓の突出した蚕室について、［10］二二頁。田島弥平の瓦葺き総櫓の越屋根付き蚕室について、『養蚕新論』［30］三二頁。

（2）糸繭農家の経営規模（二～五枚、桑園四～十反歩）と島村種繭農家の規模（十二～二十四枚、桑園四～五町歩）比較。岐阜県『農談筆記』［10］、『養蚕新論』［30］四五頁、『続養蚕新論』［73］六七頁、七四頁参照。

（3）蚕種一枚当たり生産力、原紙一枚の蚕種粒数、収繭量、糸量、［10］二四頁。

（4）船津の蚕種の見分け方、外見でなく解舒試験の実施を強調する、［10］二六～二七頁。
（5）当時は蚕種の自家採種が認められており、原紙一枚当たり収繭量、蚕種枚数、［10］四五頁。

2　農業経営論における養蚕経営の位置

船津は養蚕経営について養蚕の分限（もうけ）を論じ、蚕病の被害回避・経営リスク管理を説いている。遅くとも蚕の三眠飼育時に飼育の継続か放棄かの意志決定をするべきとする。そしてせっかく栽培した桑葉を活用するため必要とする人に譲る手配をすべきと説く［10］。

このことは、当時養蚕が一般的には蚕病や価格面でいかに不安定なものであったのかを裏づけるものでもある。それ故当時は、蚕室、器材の準備も含め養蚕は、生活や経営に余裕のある富裕層が行う投機性の強い産業であったと言える。

船津は桑に金肥を施用の場合、損益計算を考え経済性に見合った適切な値段の肥料を選択すべきとする（注1）。「須〈すべか〉らく先づ損益計算の一點に注目し以て事に従はざるべからず　仮に今茲に好肥料ありとして之を施用せんにその効驗著るしく収穫も亦稍多量なるも　之を計算上に照し収穫の其費用を償はざるものよりは　寧ろ得易くして且つ廉價なる肥料を施用し尋常の収穫あるの優れるに志かざるなり　故に予は計算上の損益便否を酌量し収穫多額に至らざるも利ありと認定すれば價廉にして且得易きものを取れり」［6］

また、養蚕を隆盛に導く簡便な方法として「巧者の養蚕家に於いて数十枚蚕紙を掃立て一眠或いは二眠起まで養ひ近村の家々に蚕児を配賦し養はしめば　稚蚕育養の労省くのみならず飼養未熟の者と雖も容易に良繭を収るを得べし」と掃立、稚蚕飼育をベテラン養蚕家に委託することを推奨する。

群馬県群馬郡川原村や上野村等では「村内挙て蚕児を販売するを以て業とす最も多きは一戸にて三四百枚以上を掃立て四五里以外迄運搬」[12]する取組事例を挙げ、この方法（稚蚕飼育の委託・請負）が所々で普及し養蚕農家が増えていると述べている。また、明治十七年五月北海道札幌県屯田事務所産の蚕種を、群馬県で掃立て二眠起・三眠起の蚕を人力車（八里）と汽車（弐拾五里）で運搬し、駒場農学校で養育した蚕が支障なく成繭になったことを紹介している（注2）。

将来の発展性が期待されていた当時、養蚕経営は、結社（勧業会社等）によるものと戸別（個別）経営と、二つの経営方向があると考えられた。その中で、船津が論ずる養蚕経営では蚕種三～五枚規模（桑園六～十反）の中小規模の養蚕経営を奨励したと言える。

養蚕経営について「蚕は社を結ひて多く一箇所に養ふに利ありや又は戸々に別ちて養ふに利ありや」との問いに対し、船津は「社を結ぶと雖も二眠まで養以尓（ママ）後は戸々に分ちて之を育養し成繭の後良否如何を審査し等級を分ちて取纏め以て売却し金圓は良否の等級に随ひ配分」すれば社を結ぶ必要性はないと答えている[12]。

船津は自分は常に「農家は養蚕而巳なすべき者にあらず」と言っている。速水堅曹の考えも「養蚕は農業の一部分なり…是は掲げて大日本農会報告に見えたり」と船津は卓言を褒めている。糸繭一戸の養蚕規模は「原紙三四枚より拾四五枚を以て適度となす　蓋し充分の才力を揮ひて養ひたらんには其制限なかるべし」とし、戸別経営で対応し「其主任者を置く」[11]（注3）べきであると言う。

つまり才力ある者に制限を加える必要はないが、先ず戸別農家を重視して指導者を置くことが重要であると述べている。船津の農事改良・農法変革論では、維新後の新時代に養蚕など新しい商品作物の導入を図り、小農経営を多角化・集約化の方向へ導いた。

新しい商品作物の導入を奨励するが、これらは輸出価格の変動が大きく投機性があることから、「農家の心得」として農業経営の維持安定のため養蚕だけに頼らず経営多角化を奨励した。具体的には、養蚕や茶・三椏（みつまた）等の商品作物と米麦＋林業の組み合わせ等による経営多角化の奨励である（注4）。

（注）

（1）船津は肥料の効能と経営評価を検討、経営評価を重視、船津［6］三四～三五頁。

（2）船津は、養蚕を隆盛にする方法として稚蚕期の委託飼育の推奨を説く、滋賀県『農談筆記』［12］一八～一九頁。

（3）稚蚕期の委託飼育と結社の必要性、個別経営の掃立規模、速水堅曹「多角経営論」について、北海道『農談筆記』［11］四八～四八頁参照。

（4）船津の「多角経営論」は石井泰吉［37］、荒幡克己［48］も指摘。「農家の心得」静岡県『巡廻講話筆記』［17］二七～二八頁。

第四節　育蚕論（飼育技術）

1　『養蚕の教』にみる育蚕の要点

明治八年に船津が著した『養蚕の教』は、在郷時代の著書としても重要で、短文ではあるが育蚕の要点を明解に指摘する。養蚕は迷信や古い慣習にとらわれないでしっかり習得すれば、新しい商品農業として大いに発展し、分限者として成功する可能性があることを説いている。

明治十二年に出版（東京堂）された『同書』の前書きに、新井鼎（群馬県人）は上毛の地には固有の物産養蚕製糸があり、製糸は有志が「奮進」したので改良に見るべきものがあったが、養蚕は「櫛比毎家の資産たり」とすべての家の資産であっても、養蚕法は慣習に習い進歩が見られない。そこで農村の婦人や農民向けに作られた分かりやすい蚕書を探していたところ、星野（長太郎か）が船津の『養蚕の教』を紹介してくれた。新井は「其旨深切實効を尽せり即ち暗唱歌と為すに足れり」と推薦している。これを少しでも早く山間僻地の蚕婦に配布して実際に役立たせるため活版印刷にしたので、船津の「篤義」と星野の「愛庇」を知るべきであると新井は述べている［4］。

石井泰吉は『養蚕の教』の要旨について①蚕種の生来（来歴）、②迷信にとらわれない、③蚕種保存上の注意、④養蚕は婦人任せにしない、⑤飼育上の注意、⑥蚕裏の湿度、⑦厚飼いの不可等を指摘、船津は実践に基づく科学的飼育法を説いているとする(注1)。

とりわけ船津の強調する点は、第一に蚕室や道具をしっかり準備する、第二は蚕種について良く来歴を知る、第三は蚕の手入れが良く行き届く（蚕病の関係含）、第四は桑が十分あること等であるとしている。

このうち第二の蚕種の来歴を知るという点については、次のように説く。

「天理に任せし蚕飼いの種だか　火力を用ひし蚕飼の種だか　涼地の種だか　暖地の種だか　厚飼種だか　薄飼の種だか　平地の種だか　谷間の種だか　選みや手入れの届きた種だか　風穴種だか　再出の種だか　川辺の陰か　山邊の陽か　砂地か直地　乾地か湿地か　右等に気を附け」［4］

このように様々な蚕種の来歴を具体的に知る事の重要性を述べ、船津の農法が他農作物と同様「種半作」を重視していることが分かる。

第三に蚕の手入れについて、掃立・初眠では、原紙一枚を三籠位に掃立て、稚蚕期には粟糠・籾糠を使って除湿し、少しの桑をたびたび与えて、休眠中でも蚕尻を抜取り広げて飼育するべきと、その心得を説く(注2)。

「粟糠しいたり　籾糠しいたり　広げつ分つ　湿りと見えても乾きと見えても蚕尻が沢山有りてはようない　休み

と見るより　昼でも夜でも時刻を過ごさず蚕尻をぬきとり　すつぱり広げて　少しの桑もて度々あたえよ　此等が初めの休みの心得」［4］

さらに手入れと蚕病の関連について、空気の流通や蚕裏の湿り加減を具体的詳細に指摘し次のように注意を喚起している。

「偖又蚕裏が乾きて暑けりやふしっ蚕〈膿病〉起こるよ　乾きて暑きは空気のたゝゑりやこしやり〈硬化病〉と成ります　湿けるも冷るも時候暑きに桑の不足も空気の抜けぬも抜けるが過ぎるも多くは提灯〈軟化病〉休みの蚕裏がかびれば提灯　乾けばふしっこ大概後日に見え升者なり　蚕裏の加減は吸頃煙艸〈草〉と云とこ極本　青みた蚕種を涼しき所へ回したなんぞは　休みて起ても黒みの抜ない病がいでます　右等に気をつけ養ひなされよ」［4］

このように、農家のために江戸時代に民衆の間に流行した「チョボクレ節」になぞらえて分かりやすく、要点を明解に説いていて、学ぶところは深い。農村婦人や文書に接する機会の少ない人でも容易に暗唱できる指導書であり、明治二十年頃までの群馬の養蚕技術の普及に役立ったと思われる。

（注）

（1）『養蚕の教』［4］の要旨・特徴を説明。石井泰吉［37］三五〜三六頁。

（2）田島弥平や島村勧業会社では稚蚕期の薄飼いを説く。田島弥平『養蚕新論』［30］。

2　岐阜県『農談筆記』を中心に

明治十五年刊行の岐阜県『農談筆記』上巻は、育蚕に関する「蚕児発生の時期、蚕児の掃立、初眠の事、二眠の事、三眠の事、三眠より四眠までの事、養桑（やしないくわ）を与えてより上簇までの事、上簇より収繭までの事、選繭及ひ蒸殺の事、種繭の事」[10] といった項目から成る。各項目それぞれについて、技術視点から触れてみる。

ここでは船津の育蚕技術「清涼育」を体系的に論じている。船津は加温を否定しないが、加温時の条件に特にルールはなく、積極的な加温には否定的である。基本は清涼育であり、糸繭用の生産を目的とし繭糸の解舒の成否に注目、白繭種の「鬼縮」や「青熟」「小石丸」等を推奨している。

(1) 蚕品種について

船津は推奨する品種について「奥州地方に産出する鬼縮或いは佐久内〈青熟か?〉と称する種類の如きは再出の少なきものなり」とする。中でも「佐久内」は「福島県二本松以南に産出するもの殊に多し其繭白種極て細小にして…一升の容量凡四百五六十粒…原紙一枚を以て非常に豊作に非すんは八九斗を得る能わす　然れとも糸目多きに至りては一升に十七匁を得へし…然れとも飼養特に難し」[10]、従って未熟な養蚕家は飼うべきでないと言う。

また「鬼縮」は「一升の繭二百五十粒とす…豊作なれは一枚にして一石六七斗を得へし且つ糸質も頗る善良なり」と評価。一方で、庭起後又は休眠中に「蚕糞を除去するに怠るときは　忽ち疾病を発するものなり」と、病気に弱いことを指摘する。

白繭種は黄繭種に比較して飼育が難しいとされるが、飼育しやすい白繭種があるのかとの問に、船津は「白繭種にて青熟白繭種と謂うあり　小粒にして壱升に付き三百五十顆乃至四百二三十顆を容るべし　故に原紙壱枚掃の成繭八斗計なり…赤熟の白繭種に比すれば養法至て易し　又糸に繰るときは蛹膚まで能く解るなり」と、白繭種でも「青熟」は飼い易く解舒も良い。また「青熟」は「群馬県地方にて七八年前黄繭種廃れて白繭種流行の際家々にて飼養す当時予も之を飼養して蚕種を製し近隣に分与す　該種多く信州小県郡塩尻村を以て最上とす武州榛澤郡上仁手村之に亜く」［10］と答える（注1）。

「赤熟」や「小石丸」についても触れ「赤熟の白種は桑葉を食すること多く繭も亦随て壱石二三斗餘の多きを得る然れとも未熟練の者之を飼養せば或は違作を来し設（ママ、仮か）令繭を得るも糸の解れ宜しからざることあり」。「小石丸と唱ふる白種あり或は淡青熟の白種あり…皆大同小異にして…三百五十顆以上〈一升当たり〉のものを以て養い易し」と答える［10］。

(2) 蚕児の掃立

蚕種を寒水に浸漬することについて、船津は自分の郷里では「陽暦一月十四五日（陰暦十二月十三日）頃に室中を掃除し併て種紙を水に浸し翌朝掲る」を慣例としたと言う。

船津は、まず蚕児発生の時期は「桑樹の発芽と斉しきを以て好期節」［10］とし、桑の発芽期に合わせる。蚕児の発生予定日は「其年の気候に應し廿日の至三十日以前に筺より出し掛け置くへし」［10］とする（注2）。

発生の際は「数十頭の孚化するものあれは直ちに紙に包むへし然るときは一夜にして六七分は発生するものなり」と説明。

試験では「其の早きものは繭堅實にして緒目多く殊に種切に用ふるものは成るへく早きを良しとす」［10］と、早い掃立の繭は堅実で糸目が多く、蚕種の製造にも良いことから早期掃立を薦める。

掃立期の気温が「六十五度〈一八・三℃〉以下の冷気なれは火力を用ふへし尤も休みに差かかれは六十七八度〈一九・四～二〇℃〉にても用ふるを良し」［10］と、火力の使用時を記している。田島弥平も稚蚕期に「四十度より五十度〈四・四～一〇・〇℃〉の寒さ」に気温が下がった場合に加温を認めるが、船津の方が飼育温度がかなり高く、むしろ松下政右衛門の適蚕毓（てきさんいく）（華氏七〇度＝二十一・一℃）や高山社清温育（華氏七十二・五～七十三度＝二十二・五～二十二・八℃）等の折衷育に近い（注3）。

船津の場合、掃立は「常に蚕紙を掃立るに九枚の原紙を三度に行う　即ち大概四月廿五日に種切り用二枚を掃き其三十日に糸繭とすへきもの四枚を掃き　又五日を歴て三枚を掃立る定則とせり」［10］と、九枚の蚕種を種切り用二枚、糸繭用四枚と三枚に分け、五日間隔で三回に掃立、労力を分散させると共に施設や器具を効率的に使用するよう工夫されている。

上州前橋付近では「初眠までを四枚とす」但し発生後四・五日して裏を抜き、また就眠前に裏を抜くとする。これに対して、島村地方では「初眠までを十六枚とす　斯く薄飼を為すものは初眠まて蚕糞を除去せさるを以てなり　蓋し桑葉中に蚕児の潜伏して分別しかたき故なり」（注4）と、蚕のロスを少なくするため初眠まで薄飼いにすると、前橋地方との違いを述べている。

（3）初眠の事〈一齢一眠〉

一般に掃立から初眠までを一齢と言うが、初眠＝一眠を獅子休とも言う。この間通常の気温（華氏六十五度以上）であれば約九日であるが、寒冷の場合十五日を要す。船津は一・二齢期の飼育日数についてはあまり明確にしていない（以下**第6表**参照）。

船津は蚕の「種紙一枚は凡そ初眠まてを四枚とし二眠を六枚三眠を十二枚四眠を二十四枚の蚕籠に攤排（ヒロゲル）するを通常とす」［10］と、蚕種一枚を眠期毎に拡張をする過程を述べる（注5）。

「粟糠を用ふるに初眠までとし二眠よりは籾糠を用ふるへし　凡種紙一枚に粟糠一斗籾糠八斗を要す…蚕児に桑を與ふるは四角に刻み篩に掛て給すへし…初眠まて養うに桑花を以てせば嫩芽（わかめ）を摘菜〈ママ、採か〉せさる以て桑葉の浪費を省く鮮少に非るなり」[10]

除湿剤として初眠では粟糠、二眠では籾糠を使用、また初眠まで桑花（桑椹）を使用して若芽の節約を説く。

普通は「桑を与ふるは昼三度夜二度にして可なり然れとも検温器七十五度〈二三・九℃〉以上に昇騰するときは昼四度夜二度と為す可し」[10]と、七十五度以上の場合には給桑回数を昼四回、夜二回に増すと述べる。

(4) 二眠の事〈二齢二眠〉

一眠から起きた状態を二齢と言い、二眠を鷹休（竹休）と言う。この間常温（華氏六十五度以上）であれば約八日であるが、二齢期の飼育日数も明確にはしていない（注6）。

「蚕児を（籠に）移してより三日を経れは更に網を覆ひ他に移すへし　此時桑を与ふること両度にして之を一個に纏め先に四個の蚕籠なるものを更に六個の蚕籠とす是を中糞取りと云う　桑葉を三分四方に刻み篩ひて与ふ籠目は四分五厘を定則とす　四日目…全籠に拡

第6表　船津伝次平の蚕飼育標

	日数時間	室内温度	籠数（枚／蚕種1枚）	給桑回数	備考
催青準備	1月14・15日（寒水に浸す）				
	予定の20〜30日前（天井から吊す・鼠避け）				65度以下火力使用
掃立	蚕児発生（原紙9枚を三度に分けて掃立）				桑樹の発芽と掃立を斉一に
	4月25日2枚（種切用）、30日4枚、5月5日3枚				65度以下火力使用
（一齢）		65度以下		昼3・4回	空気の流通に注意
		火力使用		夜1・2回	粟糠と藺蓆を使用
初眠	16－24h	（眠中68度）	4枚（島村16枚）		蚕児衰弱時に焼酎使用
（二齢）		65度以下	4枚	5・6回	桑葉を3・4分に刻む
		火力使用			就眠に遅速有り
二眠	32h	(70-75度)	6枚		籾糠使用
（三齢）	2眠－3眠		6枚	5・6回	遅速の区別を網・簾で行う
	7－8日				
三眠	60h		12枚		眠中の黴に注意
（四齢）	3眠－4眠		12枚	3・4回	
	8日	70〜75度			眠前簾使用（25本）
四眠	50h		24枚（大繭30枚）		眠中簾使用
（五齢）			24枚	3・4回	4日目簾使用（20本）
	8日			（枝葉）	5日目から毎日蚕尻抜き
上簇	上簇後24〜30h暗所				4・5日目籠より出し吊す
収繭	上簇後10日（70度）				（豊作時：鬼縮1石6〜7斗/枚・250粒/升）
					（同：佐久内8〜9斗/枚・450-460粒/升）

出典：『岐阜県農談筆記』（明治15年）より作成。
注：h（時間）、度（華氏）。

む…桑を与ふるは四五度を定説とす」［10］

二齢の三日目に網を掛け蚕尻〈糞〉を取って籠四枚を六枚に分箔する。

気候の変動がなく通常の温度であれば「五日目に必茶褐色を現すものなり此色を帯ふるを期とし網を覆ひ両三度桑を与へ而して数時間を経れは十中の二三は眠に就く」［10］。

温度と就眠時間では「寒暖計七十度より七十五度〈二十一・一℃～二十三・九℃〉なるときは就眠時間凡そ三十二時間」であると示す。蚕児の「桑を留めてより二十四五時間を経れは六七分起きるものなり此時中桑を与え後ち八時間を経て全く起るを常例」［10］とする。

しかるに「連日雨天にして蚕糞に白黴を生したるときは　就眠中と雖も手を以て徐々に攪拌し空気を流通せしむへし　之をユル諸に付する〈油断する〉ときは大害を醸し　復た救済の術なきに至るへし」［10］と、連日雨続きの悪天候の場合、白黴を生ずる様なときは就眠中でも徐々に攪拌したり換気を行い管理を怠ると大被害になると注意を喚起する。

（5）三眠の事〈三齢三眠〉

二眠から起きると三齢と言い、三眠のことを船休とも言う。この間約八日である。

眠〈二眠〉から「起きてより四日目に至り六枚の蚕籠を拡げて十二枚（大繭の蚕種は十六枚）とす」と、三齢の四日目に籠六枚を十二枚に拡充。

三眠前後に蚕の成長の遅速が判然とするので、「三眠蚕」を普通蚕（四眠蚕）と区別する必要性を説く（注7）。

「二眠より三眠に就くの日数凡七日乃至り八日間とす…六日目には網を以て蚕糞を除き一二分も眠に就くと認むる

とき籾糠を薄く撒き其上に網或は蚕簾を蓋ひ桑葉を二三度与ふれは大抵眠に就くものなり　若し就眠の早くして下に残れるものは　概子〈おおむね〉再出する蚕種となり又三眠蚕（船蚕と云）となるものなれは　此時より遅速判然区別せさる可からす」［10］

船津は、眠に就く前に蚕簾を使用すると「簾は蚕児の就眠に頗る快きものと見へ皆之に棲所するものなり…余か専ら使用する所即ち此簾法なり」［10］と、うまく就眠すると言う（**第1図参照**）。但し簾は箸大の割竹二十本結びと二十五本結びがあり、苧を以て亀結にした二種類のものを使用。粗い簾（二十本結）は裏取り用、細かい簾（二十五本結）は就眠前か上簇前に使用された。

また蚕は就眠前に多く尿をするので（蚕の脱皮液か？　蚕は営繭前だけ尿をする）、就眠中の黴に気をつけることの重要性を「蚕児の就眠中黴を生する所以は眠に就く前に多く尿汁を漏すに由るものなり」［10］と指摘する。

「休み揃ふて後凡六分通（十五時間より二十時間）起きたりと見認るときは　網を覆ひ桑葉を与へ（葉は中刻みにして少し量を増す可し）他に移す可し」［10］と就眠起き後に、蚕の生育遅速の判別を行う必要性を説く。

（6）三眠より四眠までの事〈四齢四眠〉

三眠から起きると四齢と言い、四眠のことを庭休とも言い、この間約八日である（注8）。

四齢の起桑から「四日目に二十四枚（大繭の種類は三十餘枚に

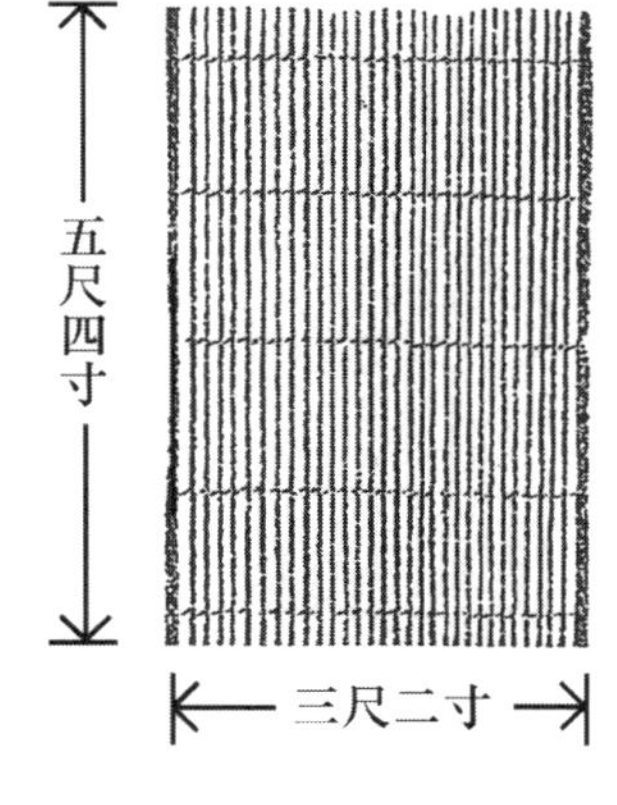

第1図　蚕簾
北海道『農事問答』(明治17年)

すへし）と為し其始めは狭く廣け置く可し…六日目に全籠に攤排すへし斯の如くにして七十度乃至七十五度の気候なれは　八日目には必す休むものなり」［10］と述べる。

この時、簾の下に残る三眠蚕等を分別する。

「已に五六分通りも休みし頃前に覆ふ所の簾を以て之を他の籠に移すへし　而の其簾の下に休みて猶ほ残れる者は桑葉と共に摭ひ集め別籠に攤排す　之を喰ひ増しと云ひ下等の繭を造り又再出と為るもの多し」［10］

また、上簇まで飼育すべきか精査して経営判断する時期でもある。

「此時就眠凡五十時間にして最も長きを以て精々注意すへし　且つ精密に桑葉人員器具等調査し蚕児の巣に就くまて支ふるや否やを計画すへし　若し支ふ可からすと査定するときは前にも述ふるか如く　速かに他の欠乏者に分与し或は放棄すへし」［10］

この休みには簾を用いるのが最良であるとし、二十五本結びの目の細かい簾を用いる。以後、上簇までを論ずる。

「簾の上の蚕児は初日枝葉を二度二日目に三度三日目に三度与ふへし（時間は午前四時同十時午後七時を好期とす）蚕食は三日目に至らされは多量の餐食せさるものなり　故に逐日桑葉の量を増すを定則とす　最も三日目に蚕糞を除き　四日目に蚕児を分ち爾来毎日蚕尻を抜くへし決して怠る可からす　寒暖計七十度位の気候なれは三日目に分つこともある可し　蚕児を観察して大概八日目に繭を作る可しと看認むるときは六日目より桑を四度つゝ與ふべし」［10］

（7）養桑を與えてより上簇までの事〈五齢上簇〉

四眠起きを五齢又は庭起後とも言い、この間上簇までは約八日である。蚕は四眠後の三日めまでに、全体の桑葉量の半数を食する（注9）。

「四度休み起て三日目に分つ…都て蚕は此日までに桑葉の半数を食し四日目より上簇までに其の半数を食ふものなり」［10］

また、四眠後は「枝葉を與ふを以て三四回にて足れり」［10］と、給桑は枝葉を用いて給桑回数は三・四回で足りる。竹簾を使って蚕尻を毎日除かないと繭を造る蚕に成らない。

「四日目の薄暮に簾を覆ふて桑を與へ　五日目に与ふること再度其日の午後二時頃に他の籠に移し蚕尻を抜き又夕方に前日の如く簾を覆ひ桑を與ふ　斯の如く毎日蚕尻を抜く之を日糞取りと云う…若し日々蚕糞を除去せさるときは蚕児微弱にして繭を成さゝることあり」［10］

籠全体の「蚕児最早三匹までも「すがき」たりと看認むるとき　又骨抜桑を与え其の骨抜き桑を蝕盡せさる前に他の籠に移し振ふて簾を去り上に巣を置くなり」［10］と、三割の蚕が巣作りを始めたら骨抜き桑を与えて食い尽くす前に、簾ごと他の籠に移して簾を除き巣（簇）を置くとする。

「まぶし」（簇）は「菜種殻を以て最良とし豆莖（まめがら）萩（はぎ）躑躅（つつじ）之に次く往時上州地方にて専ら藁「まぶし」を用ひしか屑繭多きを以て近来之を用ふるもの甚た稀なり」と、藁「まぶし」は屑繭が多いので菜種殻等を用いると良い、と述べている(注10)。

（8）上簇より収繭までの事

上簇後「巣に就てより二十四時乃至三十時間は暗き所に置くへし若し之を明るき所に置くときは一隅に偏し成繭するの弊あり」［10］と一日か一日半は暗い所に置くべきとする。収繭については次のように示す。(注11)

「巣に就いてより四日乃至五日目には籠より巣を出し　縄を張りて高き所に釣置き五日又は六日目に掻取るへし

〈温暖なれは早く寒冷なれは遅きものとす〉大概一人にて一日十二枚（繭数三千許）とす」［10］。

通常の気温であれば「六十時間乃至七十二時間に必す蛹に化す」［10］ものと、上簇後二日半から三日で繭造りを終えるとする。

（9）選繭及び蒸殺の事（繭処理）

船津は、上作でも薄繭五％、玉繭五・六％はあり、下繭は全体で七・八％はあるものと考える。また繭は上中下に選別して日光に晒すか蒸気で蛹を殺すとある(注12)。

「養蚕の上作と雖も薄繭百分の五玉繭乃ち（ママ）集合繭百粒中の五六粒はあるものなり　故に百分の七八は下繭ありと知るへし　右ノ如く上中下三種に撰擇し共に日光に晒し或は蒸殺すへし」［10］

また船津は、紙を覆って日光で晒す繭処理法は繭糸の解舒が悪いとして、近年は蒸殺が進められていると説く。

「蒸殺に種々あり…蒸気法を以て鏖殺（オウサツ＝みなごろし）せしものは糸質を変せす故にこの法を行ふもの年一年増加せり（一日に蒸殺すること十五石より二十石とす）」［10］

ちなみに「生繭にて一升の目方百十五匁とし已に干燥したるものは三十匁位とす」と、生繭を乾繭にすると一升の重さは百十五匁から三十匁（約4分の1）になるとしている。

（10）種繭の事（蚕種の自家製造）

糸繭と種繭の飼育の違いについては、種繭とすべき「蚕児は最初より成るへく薄飼にすへしと已に上州島村地方は初眠まて十六枚とし精撰会社〈島村勧業会社か？〉は八枚とせさるものは入社を許さす」［10］と、言われている。

しかし、船津は「三眠及ひ四眠に於て判然遅速を撰み一斉にし蝶も亦一斉なるもののみをもって製するときは左のみ薄飼いにせさるも種に再出なく蚕も能く揃うものなり」［10］と、三眠・四眠時に遅速の判別を選び斉一にすれば、島村のように薄飼いにしなくても蚕は良く揃うと云う(注13)。

上簇後五・六日後で収繭となるが、繭から蛾が出るのは上簇後十六日から二十三日迄、また蛆の出るのは九日から十三日迄であるとする。

「種切り」（繭切り）には「上等の繭を撰み糸質の善悪を試験すべし　若し其絲解口悪しきものは種切とす可からす如何となれは母繭の悪きは必す明年糸質悪しきものなり　繭の偏厚偏薄及ひ糸に節の有無等特に検査すへし」［10］(注14)と、種切り用繭の選定は糸の解舒試験（節の有無）を行って繭の良くないもの（偏厚偏薄）や節の多いものは除くべきであるとする。

蚕種製造では「上等の繭一貫目〈＝約十升、筆者〉に付概ね八枚の蚕紙を得へし」［10］と見当している(注15)。なお、蚕種原紙一枚は蚕種五万五千粒とある［10］。

（注）

（1）黄繭種と白繭種の特徴と違いについて、黄繭種は飼育し易く白繭種は飼育困難であるが糸質がよい。白繭「佐久内」「鬼縮」岐阜県『農談筆記』［10］四〇頁。白繭「青熟」「赤熟」「小石丸」北海道『農談筆記』［11］四九～五〇頁。田中「蚕糸業の技術革新と世界遺産田島弥平家旧宅」［81］参照。

（2）浸水について郷里の慣例、蚕児発生の時期、発生予定日、早い掃立ての繭、［10］二八～三〇頁。

（3）清涼育では稚蚕期（一、二齢）の飼育日数が長く不安定で、気温が特に低いときには加温を否定しない。加温時の気温と飼育温度は、船津［10］三一頁と田島弥平では異なる。田島『養蚕新論』巻之二［30］参照。また松下政右衛門の適蚕毓、高山社清温育について、『群馬県蚕糸業史』上［35］一七〇～一七六頁、一八七～一九八頁参照。

（4）船津は稚蚕期の島村の薄飼い飼育について注目する［10］、田島弥平『前掲』［30］参照。
（5）一齢一眠、分箔・拡挫［10］三五頁、一齢時に桑花・初眠時に粟糠利用、給桑回数、［10］三一～三二頁。
（6）二齢二眠、給桑回数、網かけ給桑分箔、変色、休眠時間、就眠中の黴対策、［10］三四～三七頁。
（7）三齢三眠、飼育枚数、三眠蚕や遅速の区別、竹簾利用、蚕就眠前の尿、生育遅速の判別、［10］三八～四〇頁。
（8）四齢四眠、蚕飼育枚数、三眠蚕の分離、飼育継続か最終判断、飼育枚数と飼育日数、［10］四一～四三頁。
（9）五齢の養桑量、給桑回数と蚕尻とり、熟蚕、［10］四三～四四頁。
（10）上簇に藁簇でなく菜種殻を用いる［10］四五頁。
（11）上簇後の管理、一時暗き所、収繭方法・蛹になる、［10］四五～四六頁。
（12）上中下繭選別［10］、蒸殺［10］、生繭と乾繭［10］四八～四九頁。
（13）飼育枚数と蚕病対策、飼育の遅速の斉一性、種繭生産との違い注目、田島『前掲』［30］。
（14）種切り（繭切り）［10］五〇頁。
（15）蚕種製造枚数の見立て、［10］五〇頁、下巻問答・蚕一六～二七問。

3　育蚕のまとめ

先ず第一に、船津の飼育法は「清涼育」であるが、島村の種繭生産と異なり糸繭生産を目的とする飼育のため、一齢、二齢の稚蚕期は島村の種繭飼育ほど薄飼いではない。また飼育温度を測定し火力の使用を否定しないので、稚蚕期の低温時（華氏六十五度以下）の場合に加温を認め生育安定を図るが、一定の飼育温度の維持のため常時火力を使用する温暖育や清温育には批判的である。

第二は、品種は種繭用の黄繭種から糸繭用の白繭種「鬼縮」、同「佐久内?」を飼養、また白繭種「青熟」、同「小石丸」等を推奨している。さらに自家用蚕種の製造も論じている。

第三は、病気・黴対策について、一、二齢期は就眠前に除湿剤として粟糠や籾糠を使用し、三齢、四齢、五齢期は二種類の竹簾〈目の細かいものと粗いもの〉を使用する。就眠前の管理に竹簾を利用し就眠中の黴発生に注意するよう喚起している。

第四は、給桑回数は各齢期によって異なるが、気温により回数も異なり天気が良く気温が高い場合、給桑回数を増やしている。

第五、上簇と管理について、上簇後はしばらく暗い所に巣（簇）を置くことが良い。また収繭後、乾繭にするとき紙を伏せて日光に晒すよりも蒸殺の方が、繭糸の解舒が良いと説く。

第六、蚕種の自家製造にも触れている。蚕種の製造には、飼育を斉一にして上繭を得ること、及び発蛾の斉一を図る必要がある。そのため島村では稚蚕期からの薄飼いを採るが、船津は三齢、四齢期の蚕の遅速の判別で蚕の成育と発蛾の斉一を図っている。

第七、以上から船津の飼育法は清涼育ではあるが、高山社清温育等折衷育に近く、飼育日数も清涼育の四十五日以上と比較して四十一日前後に短縮されたと考える。この飼育法（蚕品種は青熟か小石丸）では、蚕種一枚当たり（五万五千粒）の収繭量は、最上作一石二斗、上作一石、普通作八～九斗である。また船津は自家蚕種の製造も重視しており（経営の持続性重視）、一石二斗の収繭量の場合、蚕種四〇～五〇枚が得られるとする。

第五節　栽桑論

維新後、殖産興業を掲げる明治政府にとって、発展する養蚕・製糸業のための基本となる桑苗の増殖や桑園の拡大が喫緊の課題であった。明治六（一八七三）年、船津伝次平は『桑苗簾伏方法』を著したが、この技術は短期間で簡易に桑苗の大量な増殖を可能にするための苗増殖法として熊谷県（群馬県）に献策し褒賞を受けている（注1）。

明治十（一八七七）年十二月、船津は農学特秀者として群馬県から推薦され上京し農商務省職員となる。翌年三月駒場農学校の開校時に本邦農場担当教師に就任するが、農学校での授業内容はあまり明確に残されていない。明治十六年に出版された『栽桑実験録』［6］は、桑の栽培について船津が駒場農学校で講義したものをまとめたとされている。

明治十四年一月、船津は岐阜県から招聘され同県の農談会に出席、同年九月には、岐阜農学校において農業・養蚕の講義を行っており、農談会に出席した際の講話、問答筆記が翌十五年七月に岐阜県『農談筆記』［10］として出版されており、当時の船津の栽桑・養蚕経営・育蚕論を知ることができる。なお岐阜農学校の講義内容も養蚕に関しては同内容のものであったと考える。

岐阜県『農談筆記』の船津の養蚕法について、従来ほとんど論じられていないことは、既に養蚕経営論や育蚕論で触れた。栽桑技術も同様で、従来あまり体系的に論じられていない。そこで、明治十六年に出版された『栽桑実験録』と内容を比較しながら検討したい。

結論的には前者と後者はほぼ同レベルの内容であるが、前者は用語はやや難しいが技術内容の分かりやすい説明に重点を置き、これに比較して後者はやや分析や客観的考察が加わっている。

また明治三十一年（一八九八）出版の角田喜右作著『桑樹萎縮病予防問答』は、角田が栽桑や萎縮病について質問し船津が応答した内容を問答集として著したもので、船津と角田の共著と考える。冒頭には「一章より三章迄は萎縮病の質問にはあらずと雖も該病に関係多きを以て始めに記す」［8］と角田の注意書きがある。

船津は桑を永年性の栽培作物として扱っており、栽培法、品種、仕立法、截桑（桑収穫）等、桑樹生理・培養法の本質を熟知しており、当時各地に蔓延した萎縮病の有効な対策や年間の桑園肥培管理法を具体的で簡潔に論じている。船津の桑栽培や桑園管理法は、明治期の春蚕中心の栽桑技術であるが、大正・昭和期の多回育（三蚕期養蚕等）の桑収穫や肥培管理にも基本的に通ずるものがある。さらに昭和五十年頃の密植機械収穫桑園の造成に際しても、船津の桑樹蒔法や横伏法等が育苗に活かされている（注2）。

（注）

（1）明治六年、船津は熊谷県に『太陽暦耕作一覧』『桑苗簾伏方法』を献策、翌年褒賞として西洋農具ホーク、レーキ、ホーの三品を県から授与。［37］二六～三二頁、［46］四八～五七頁。

（2）『新図解蚕業読本』［77］一七頁。

1　栽桑技術の確立――岐阜県『農談筆記』と『栽桑実験録』を中心に

船津は、明治十五年刊行岐阜県『農談筆記』上・下や明治十六年刊行『栽桑実験録』で、体系的な栽桑論を説いている。以下、両書の目次を比較し検討してみよう。

岐阜県『農談筆記』上巻では、栽桑論の目次は「桑樹撰擇法、桑樹蕃殖法、桑樹移植法、桑樹培養法、桑樹伐採及ヒ功用」［10］とあり、桑樹撰擇法では桑の品種が論じられ、桑樹蕃殖法では桑苗増殖法の「簾伏法、撞木、実生、接木」が具体的に説かれる。桑樹移植法では桑苗の移植・仕立法及び桑園造成が、桑樹培養法では桑の肥培管理が、桑樹伐採及ヒ功用では桑の仕立法と截桑（収穫）や桑樹の効用等が論じられる。全体に良質な桑苗確保や桑栽培を永年性作物の栽培技術としてとらえている。下巻では養蚕に関する様々な問答が「一～七九問」あり、内栽桑に関するものは「一～一五問」である。

次に『栽桑実験録』では、目次は「総論、苗地、苗樹生育法（簾伏　分株　撞木取　挿（さし）木　樹蒔　實蒔接木）、種類〈品種〉、移植（根刈　中刈　立通　桑畑植付　荒無地植付　流作場植付）、培養、害虫、疾病、截桑、効用」［6］と細かい項目からなり、岐阜県『農談筆記』上の目次（栽桑関係）と比較すると、種類＝桑樹撰擇法、苗樹生育法＝桑樹蕃殖法、移植＝桑樹移植法、培養＝桑樹培養法、截桑・効用＝桑樹伐採及ヒ功用と、それぞれほぼ同項目と考えられる。全体では岐阜県『農談筆記』と比較すると「総論、苗地、害虫、疾病」等が、桑苗増殖法では「分株、挿木、樹蒔」が加わっている。

当時の船津の問題意識は、①まず桑苗簾伏法やそれ以外の桑苗増殖法の研究と改良が重要な技術課題であった。②また喬木性の桑樹を年々伐採するため桑園造成は根刈、中刈仕立が簡易な方法として注目された。③そして毎年収穫（截桑＝強剪定）する樹勢の維持（桑樹生理）、桑園の耕耘・除草、施肥等の管理技術の確立が重要とされた。④さらに土地条件、気候条件に適した桑品種の選定・確保、発芽時期と蚕の掃立日との整合が必要であったことから生まれてきている。

この様な技術課題への対応として上記二著はまとめられたもので、農民向けに前書と専門家・技術者向けに後書であったと思われる。

以下、岐阜県『農談筆記』と『栽桑実験録』の内容に触れてみる。

(1) 総論・苗地

『栽桑実験録』の総論では、桑樹は「大河の近傍及び砂礫混合の土質には各種総て適すと雖も其の他の土地には適せざるもの極めて多し」［6］と桑栽培の土地条件は砂礫地が良いとする（注1）。また「季節の異同培養の巧拙に由りて栽植上損益ある」こと枚挙にいとまがないとする。さらに「桑樹の種類頗る多く俚称〈地方名・卑称〉も亦随って少なからず」とあり、例えば「こぼれ〈変異名〉」「霜不知」「風不知」等を挙げている。

そして「蚕を飼養せんと欲する者は地質を監査し季候を考察して後其地」に相応しい桑の品種を栽培し蚕児に与えるべきだとして、「桑樹の栽培は養蚕の先務」［6］であることを世間に知らしめたい、と述べている。

また苗地について、桑苗の増殖を重視する船津は、桑苗培養の苗地について特別に注意を払った。そのために『栽桑実験録』では苗地の項目を総論の次に設け、その土壌環境を論じたと思われる。「桑苗に適するの地は客土に栗石又は細砂の混合したる乾地」［6］を良とし、「埴土、壌土の如きも浮石質を混淆する地には頗る適応するものなり…中略…故に客土に砂の混して光の感触風気の流通其度に適し昼夜の温涼に差異の多き乾地を撰ぶべし」と日当たりや風通しの良い乾地が桑苗の育生に適すると説く。

（注）

（1）総論、苗地について、［6］一～三頁。

⑵　苗樹生育法

苗樹生育法について岐阜県『農談筆記』では桑樹蕃殖法と表現され、桑苗増殖と育苗が論じられ船津が他の普通作物と同様最も重視したところであり、既に明治六年に『桑苗簾伏方法』を考案・公表したことから、その後も研究を重ね岐阜県『農談筆記』では簾伏法の他に「撞木取、実蒔、接木」が、さらに『栽桑実験録』では「分株、挿木、樹蒔」が加わり、各桑苗増殖法について特徴、実施時期や方法を詳細に論じた。

船津の栽桑論では、なによりも桑樹の育苗（「苗樹生育法」）を重視しており、当時の養蚕の急速な拡大に伴い簡易な桑苗増殖法の確立が必要とされた背景をうかがわせる。桑を新しい商品作物として、他の普通栽培作物と同様に「選種」や「育苗」(苗半作)を重視しさまざまな苗増殖法を検討すると共に、桑を永年性作物として持続的に栽培管理することを提唱した(注1)。

簾伏方法(=簾垣偃)

桑苗簾伏方法は岐阜県『農談筆記』では、簾垣偃(スガキフセ=簾伏方法)とも称される挿木の一方法である(注2)。「其偃せたる形状恰も簾を編みたる」様子に似ているので、この様な名前が付けられた。具体的には、次のように実施する(注3)。

「枝朶〈しだ〉の長さ一尺二三寸乃至一尺五六寸に切断し(…一本の枝を三切りとするときは根際を最上とし其上は之に次き又其上は之に次く其第三は或は発芽せさるものあり…)之を偃せて切口の上下に土を覆ひ　其の畦溝に於て枝朶の露出する所は藁或は笹等を以て晝間〈昼間〉之を掩ひ夜間之を除くときは最も良し　溝は深さ五六寸にして空気の流通せしむへし　春蚕ノ頃斯の如くするときは二十五日乃至三十日にして嫩芽〈わかめ〉の長さ三四寸に至ものなり」[10]

実施時期については、「簾伏は之を施行する時期最も長ければ宜しく　風雨寒暑乾湿季候を占ひ其好期節を失ふ可らず夫れ梢枝を截り此法を行ふべきの期限は　桑樹落葉の頃より翌年六月中旬に至迄なり」[6]、一番良い実施時期は「氷既に解け嫩芽将に生ずるの頃」であるが、船津が強調するのは経済性であり、桑葉使用後「蚕児の飼養に供したる刈桑の枝朶」を活用する、即ち「遺利を拾うと謂ふへき」[10]であるとする(注4)。

以上その利点として、①「桑樹落葉の頃より翌年六月中旬迄」と育苗実施可能期間が長いこと、②特に桑葉を蚕に与えた後の「枝朶」を使用する経済性、③簡易で大量な桑苗生産ができること等を挙げている。

しかし①桑葉を蚕に与えた後の桑樹利用は養分不足から失敗も多い。②上下、逆さに根が出た場合は品質が良くない。③品種間による差等の問題もあった（注5）。

船津は、かって五月下旬の頃に「並黐れ」と称する桑の品種を他の数種と交えて簾伏試験を行ったところ十中七、八は枯凋してしまったが、「節曲り」という品種は青々と繁茂するのが認められた。この様な結果から、なお品種間の差を克服するための補充試験の必要性を述べている［6］。

分株

分株、撞木取、樹蒔は、何れも枝条を地中に曲げ込んで発根させ母樹から切り取って苗を作る、取木法に含まれる（注6）。

分株は「従来世上に行いる、所にして苗を養成する軽便の一法なり傘伏（かさふせ）、百足伏（むかでふせ）の名あり」［6］とし、傘伏について次のように説明する。

「三角形に三株を植付翌年氷雪の融くる頃　地平より三四寸下にて伐截するときは多少の新芽を生す（初め植付及ひ伐截のとき人馬糞塵芥等を施すは○符の近傍に用ふ髭根を茂生せしむる為なり）凡そ一尺四五寸を度とし（餘り伸長に過たるは折傷の憂ひあり且つ朝露の間は折れやすし日中を良とす）圧伏して（**第2図**）の周囲線の如く　株際を距る凡そ一尺許りに溝を穿ち　肥料を施し其場に撓〈たわ〉め培ひ置き　落葉を待て移植すべし（一畝歩に凡八百本を得へし）」［10］

撞木（しゅもく）取

撞木取は「簾伏、挿木、分株の数法を以て施行し難き土地か若くは筋桑、中澤桑、赤樹等を以て大木になすべき苗を養成するに用うる仕法」［6］で、二方法あるとする（注7）。二方法とも切取り苗を揃えるため枝条を地中に曲げて根化させ母樹に発芽後の新芽の間に一定間隔に鎌又は鋸（のこぎり）で疵（きず）を加える。

一方は苗木を利用する方法である。

「苗木（根の最も宜きを用う）の梢を截らずして　其儘斜に四十度位に之を栽え（…大約毎株四五尺隔つべし）置きて　新芽一寸餘に至りし頃杪梢〈びょうしょう〉を地上に壓著（ママ）し置き　芽の直立するを待て芽本に土を覆ふ之を一名横伏と云う」［6］

新芽一尺位成長後に新芽間に母樹に疵を付ける（**第3図**）。

「第3・上図の如くいろはの新芽一尺以上に成長したる時　にほへ〈新芽の中間〉ノ處へ小刀或は鎌を以て疵を付け地面より五六寸上まて土を蓋へし　即ち第3・下図の如しいろはノ新芽横に生する者は根の成長最も宜し　上に向きたる者は根の成長較や劣れりとす　而め翌年春に到りにほへノ處より截断移植すへし」（**第4図**）［10］。

他方は、既存株を利用して取木する方法で以下のような準備を示す。

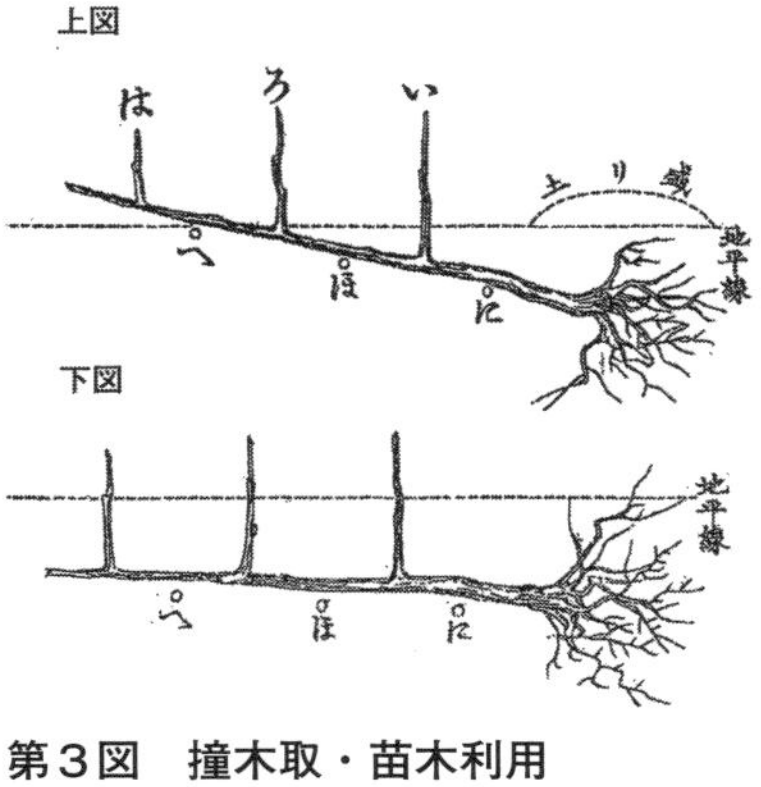

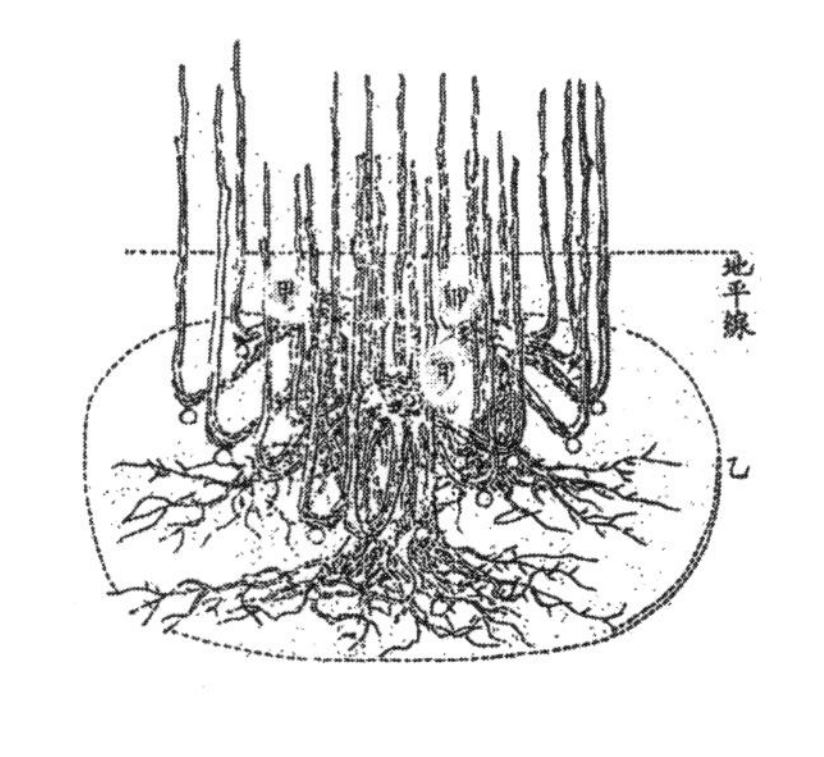

第2図　分株・傘取

岐阜県『農談筆記』（明治15年）より

第3図　撞木取・苗木利用

同第2図

「既に栽植したる桑樹の杪梢を一株中より三四本撰り遺し余りは盡く截捨つるなり　杪梢の繁きに過るは空気の流通悪く自然光線の根邊に透徹する能わざるよりして　髭根の発生或いは少なくして且つ耕培不便なるか故に截捨つるを以て可とす」[6]

新芽成長後に母樹に鋸で疵を付け切取り苗を斉一にする（**第５図**）。

「五月頃新芽の二三寸も伸長したるを度とし　甲の如くに二本或いは一本つ、畦條に随て横に倒し凡そ十日間を経れは嫩芽（わかめ）悉く直立す　之を四五寸つ、隔て勢力の強きもの、みを存し置き　其餘は悉く切り除き（枝の長さ五尺なれは凡そ七株の新芽を存し置くへし）　人馬糞尿及塵芥等を根際に施し左右より土を覆ふ　但巾一尺位にして　高さ一寸許なり　土用前に復人馬糞及ひ塵芥等を施し更に二寸許り土を覆ふへし…株際の新芽は自ら勢ひ強きものなり、之を梢の新芽まて一齊ならしめんと欲せは　土用の候いろはにほノ符の如く鋸芽を付けるときは均しく成長するものなり　若し根の至って少なきか又は根のなき苗あらは前図の如く伐りて仮植し翌年を待つときは至て上等の苗木となるものなり　又乙（**第５図**）は株際の新芽なり必ず存して翌年の親木となすへし」[10]。

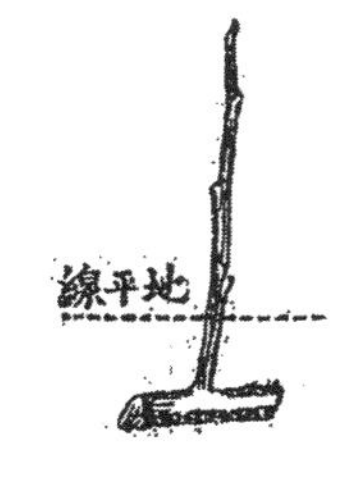

第４図　截断移植苗
同第２図

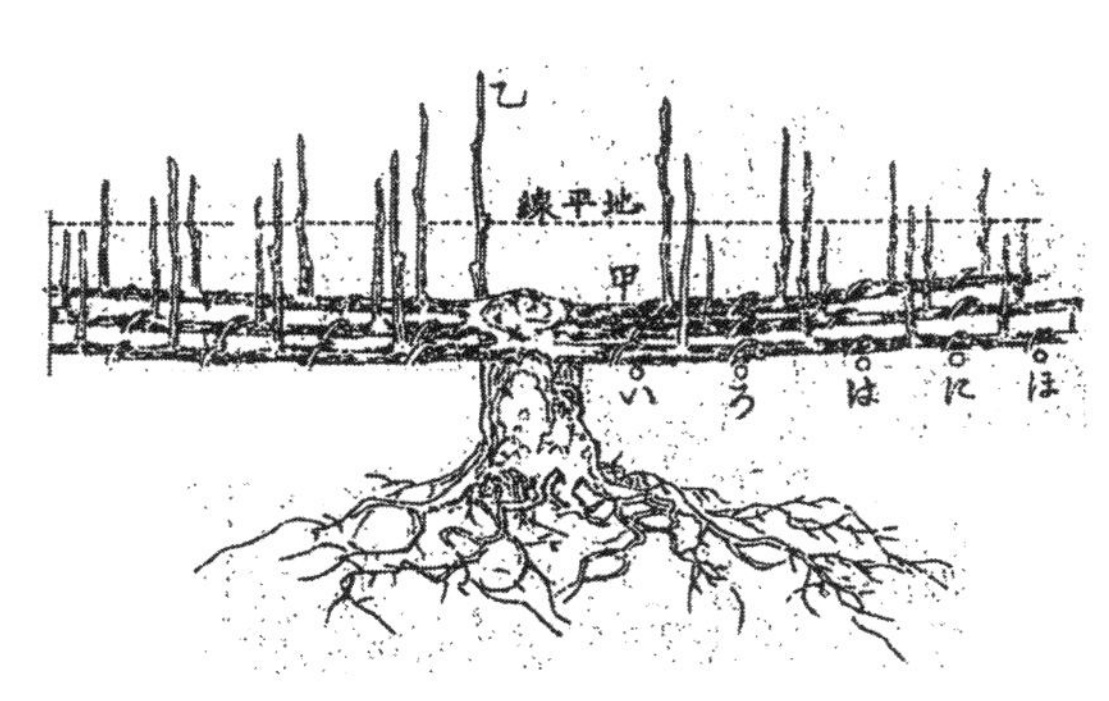

第５図　撞木取・既存株利用
同第２図

樹蒔

樹蒔は取木と同様枝条を曲げ込んで覆土し、根化させた苗を原苗とし翌年挿木法に近い形で苗を作る方法で代出法（注8）とも言う。樹蒔の具体的方法を次の様に示す（注9）。

「萌芽前又は蚕児掃立ての頃早く根刈にせし桑の新芽（夏の土用半ば迄を可と□）二尺四五寸に及びたる新梢を横に倒し　其上に馬の踏藁若くは藁様のものを以て之を覆ひ土を其上に蓋ふべし　而して梢末四五寸を出し上に向け置き以爾後落葉の頃掘取り根の有無に拘らず三四寸に剪断し土中に浅く生め置き　翌年氷解の頃を俟て是を種うべし」[6]

また「氷解の頃掘取り直ちに之を栽うる」方法もあり、冬期に掘取り長いまま土中に埋めて置き春に暖かくなって剪断して蒔く。

「先づ四尺隔てに畦溝を作り　溝の中七寸四ッ目に之を植う（剪梢を少く斜に植うる成り七寸四ッ目に植うるときは三十歩〈一畝、筆者〉に付き大約七百七十本餘）其形（図略）斯の如く」[6]

「粘土質ならば砂と馬糞とを混用し薄く覆ひ其上に小麦の打稃の腐敗したる者又麦桿類を一二寸に刻み薄く撒布すべし　斯くすれば乾燥の患い風雨の害を受くると少なし而して芽の二三寸に長ぜし頃水肥を施して培養する」[6]

この方法は多くの良苗が容易に得られる。翌年の桑の欠乏に供することが可能であるが、そうすると二、三年内に桑根の衰弱を来すので良くないとする。

實蒔

『栽桑実験録』では、実蒔は「最も下等にして利を永遠に計るものに非ず　流作場（流砂場とは水邊にして適洪水の害を蒙る土地を云う）の如き桑樹を永存するの見込みなき地に栽植して一時の利を得るには或は可ならん　又接砧（つぎだい）に用うるに宜し」［6］と、桑苗は下等で流砂場に植えて一時的な利を得るか、接木の砧木（だいぎ）が良いとする（注10）。品種については「伊造桑と唱ふる一種にして一名實蒔桑と云ふ　筋桑之に亜ぐ　その他の種類に於ける此法を用いて未だ其可なるを見ず」［6］と「伊造桑」と「筋桑」以外は実生苗でみるべきものは無いとする。

岐阜県『農談筆記』では、播種法と播種は「桑椹の成熟したるものを摘み灰に和し手を以て揉合わせ　而して毛篩（ふるい）に容れ桶中にて洗徐するときは罌粟子（ケシノミ）の如き　細核篩を脱出し下るものなり　之を直ちに圃場に播種す其量一畝歩に種子五勺より一合まで」［10］（注11）とする。

その後の育苗管理と移植について「播種より八日間を経れは発芽し　二十四五日にして新芽二三寸に至る可し　此の時微弱なるものを間抜き畦間を耕耘し水肥を両三回用ふる時は　落葉の頃に至り長さ三四尺に及ふべし…移植するに根の長きものは必す截て植うるを良しとす」［10］と、移植時に長い根を切って植えると良いとする。

苗の数は、一尺に七、八本とすれば壱畝歩に約三、四千本程が得られる。

挿木

挿木は「速やかに蕃殖せしむる仕法にして未だ之に優れるの法あるを聞かず…須らく土質、季候及び種類の三者を熟考して實施すべし」［6］と、速やかに苗の繁殖を行うには最も良い方法であるが、実施の際には土質、季候、品種について熟考すべしとある（注12）。

土質と季候は「先づ土質の適否を述れば率ね軟砂を混ずるの壚土〈くろつち〉及び黄赤の粘力薄き乾地又は開墾地等に宜し　季候は氷解てより爾後発芽頃迄」［6］とし、品種の関係では「最も佳きものは真桑（一名山桑と云）、節桑、菊葉等にして　中澤、赤樹、市平等の種類は十中に八九は不適應の地あり」［6］と、土質により不適な品種があることを論ずる。

準備と実施時期について「何れも発芽の後養蚕の半ば頃に　根部の梢七八寸の所を挿すときは下等の苗を仕立て得るなり　□其方法は落葉の候杪梢を六七寸に截断（梢の末一二尺は活存し難きを以て省くべし）して十本許りつゝ束ね芋を埋蔵する如く囲ひ置き（覆土の深きは宜しからず四五寸に成べし）而して春氷解るを待て之を挿すなり」［6］と、落葉後に梢を七、八寸に切断して、十本毎に束ねて土中に埋めておき、春先に挿すと述べる。

具体的には「畦幅は三尺若くは四尺として五六寸宛を隔て別に鎌柄の太さなる棒を作り以て南に向け斜に五六寸挿し込み穴を設け　彼の截断したる梢を挿し入れ末の一芽を土上に見いし根邊を蹈實す」もし風雨寒暑乾湿の害に触れる恐れがありと認めるときは「土上に見いしたる芽にも亦土を掴み付け」［6］防ぐべきとある（注13）。

なお船津は、注意事項として①必ずまず「風雨を防ぐの適否蔽障〈へいしょう〉」を作ること、②挿して後二十八・九日を経過する間は「風雨乾燥の適否に注意し尚日中は之を遮蔽し夜間は之を撤去する」［6］ことを指摘する。

接木

接木は他の方法に比較すれば甚だ遠回りであるが「遠隔の地より良種を求め得んと欲するには一時の費用を減じ且つ分株、撞木取にては根の発生宜しからざる種類には簡易の一法」［6］である。

実施時期は「春の彼岸より十日間も以前より始めて宜し砧木〈だいぎ〉は實蒔苗を最良」とする。その方法は剥接（はぎつぎ）と殺接（そぎつぎ）の二方法がある（注14）。

剥接について、「砧木の根際より土を除け地面と等しき所より横に切り而して切口を小刀にて滑にし皮肉の間を割き（上は皮を薄く剥き下は厚うして殆んと肉に迫る…）良桑の穂先きを二芽つヽに截り（穂先は砧木より小なるを良しとす）是も皮を剥き嵌め込み藁にて巻き留穂先の隠るヽまて土を盛る」［10］とする。

殺接について、「穂と砧とを其の太さ稍同一なるものは穂と砧とを斜めに殺ぎそう方密合し」［6］打ち藁にて縛結して植える法もありこれを殺接と言う。

接木の可否は「発芽に先立つ十日許りを以て好期節となす　この季節を過ぎれば接枝は成るだけ芽の小さなる部分を撰擇して接ぐべし　接木の可否は較々萌芽の遅きを以て特に榮ふる者とせり　萌芽の至って早きは枯死するの憂いあり　通常十三四日より十五六日迄に萌芽するを可とす」［5］、萌芽の遅い接枝が成功の可能性が高いとする(注15)。

（注）

（1）「船津農法」との関係、選種・育苗の重視、経営の持続性に注目した。田中『群馬文化』［51］、［52］参照。
（2）南澤吉三郎『栽桑学』［76］一八三頁。
（3）簾伏方法（＝簾垣伏）『栽桑実験録』［6］四～六頁、簾伏法実施説明岐阜県『農談筆記』［10］四～五頁。
（4）実施時期の検討［6］四頁、遺利を拾う［10］四頁。
（5）簾伏方法の問題点、品種間の活着の差については本人も認めている［6］六頁。実施時期について桑葉使用後の条の活用を経済的と強調するが、育苗の正否は春先の発芽前が成功率は高いと考えられる。
（6）取木、『蚕糸学入門』［80］五五～五八頁。撞木取りの二法［6］九～一〇頁。
（7）図の説明、船津の撞木取り、従来の撞木取り、［10］六～八頁。
（8）代出法、取木と挿木の両方を兼ねる方法、前掲『蚕糸学入門』［80］五八頁。
（9）樹蒔一方法、他方法・培養、良点・弱点、［6］一三～一五頁。
（10）実生（実蒔）の評価、実生苗に適した品種、［6］一五～一六頁。

(11) 実生(実蒔)苗の播種、育苗について、[10] 一〇～一一頁。
(12) 草木を速やかに増殖する最も優れた方法と評価するが、土質・季候・品種に熟考すべしと説く [6] 一一頁。
(13) 具体的実施方法、[6] 一二頁。
(14) 接木の評価と時期、方法・殺接、[6] 一七～一八頁。方法・剥接 [10] 一二頁。
(15) 成功の可否について [6] 一八頁。

(3) 桑の品種について(桑樹撰擇法=品種選択)

清涼育では、桑の発芽に合わせて蚕の掃立を行うことが重要で、桑の品種については早生、中生、晩生等の区別は非常に重要な問題であった。早生桑の場合は霜害の危険性があり「八十八夜の分かれ霜」と霜害を意識して、蚕の掃立日を定める配慮が必要であった。船津は桑品種については質的・量的な問題ばかりでなく早晩性について、また土性(土地条件)や地域性、仕立法との関連についても詳細に論じている。

岐阜県『農談筆記』の桑樹撰澤法では十八種類の桑品種を扱っている。「市平、高介、八日市、鼠返し、四つ芽、十文字こぼし(共に桑名)等は已に諸書に登録し世人の能く知る所」[10] で贅せずとある(注1)。「太大和桑」、「本大和」、「昔大和」は皆早生種で、「本大和」は「根刈に為すべし」とある。「大縮緬」は早生で根は深く伸びない。従って高木仕立向きであり、その他に「畔倒」は中生、根刈・喬木に差なく、「中澤桑」は中生、喬木に適す。「筋桑」は早生、喬木に適す。「赤梢〈アカスエ〉」は晩生、根刈に適す。「節曲桑」は挿木に適す、無類の早生、発芽が「市平」桑より一週間早い。「ひかへ桑」は晩生、発芽が「八日市」桑より四・五日遅い。その他「颪知らす」「霜しらす」等地方により名称を異にするものありと説く(注2)。

『栽桑実験録』の桑樹の種類で扱う品種について触れてみる。

「大縮緬」は早生桑種中一、二位の優良種、「市平」は早生種共に花実を兼有。「太大和」は早生で葉厚し、「本大和」は早生・根刈向き、「昔大和」は早生・高株最も宜し。「赤木桑」は大葉・喬木・刈桑に適す。「中澤桑」は大葉・大樹向きで勢多郡花輪村中澤某作出。「筋桑」は大木仕立て向き・山間地に欠かせない一種。「畦倒桑」は横に蔓延す・葉質善良。「節曲桑」は早生・樹形宜しくない（注3）としている。

その他に『栽桑実験録』掲載の品種では、「飜れ桑（数種）」「風不知」「霜不知」「扣へ葉」「鼠返」「高介（高助）」、を挙げ、他に「振袖」「黒庄土」「菊葉」「すじくわ（筋桑）」「青木こぼれ」「四目（四つ芽）」「十文字（霜潜り）」「蓮花早桑」「直立」「細江」「元右衛門」等二十五種を挙げ、計三十種を参考栽培したとある（注4）。また岐阜県『農談筆記』に掲載され『栽桑実験録』に説明が無いものは「ひかえ桑」、「八日市」、「十文字こぼし」等がある。

以上二著に掲載の桑品種の特徴を整理して示すと**第7表**の通りである。

なお、船津の品種と土質・肥培管理の関係へのこだわり姿勢は以下を見ても分かる。

「苟も土質に応じたる良桑を以て之を養ふに非れば良繭を得る能はず

第7表　桑の品種と性質・特徴

	根刈・喬木	喬木	根刈
早生	**太大和、**昔大和、**大縮緬桑、**節曲桑	**昔大和、**筋桑	**本大和
中生	*赤木(樹)、**畔倒	**中澤桑	
晩生	ひかえ桑		**赤梢
早生	**市平、*青木こぼれ		
中生	**高介（助）、八日市、**鼠返		
晩生	**四ッ芽（四目）、十文字こぼし、*十文字		
その他	*飜れ桑、**風不知、**霜不知、*扣へ葉 *権七こぼれ、*茂平こぼれ、*振袖、*黒庄土、*菊葉、*蓮花早桑 *直立、*細江、*元右衛門		

出典：a『岐阜県農談筆記』（明治15年）、b『栽桑実験録』（明治17年）掲載品種。
注：1）無印はaのみ、*はbのみ、**は両書に記載。
注：2）『続養蚕新論』（明治10年）参照。

故に永世の利益を得んと欲するには必ず先ず土質の適否を能く熟思して植うべしに　種類の良否を撰擇するのみにして土地の肥瘠を問はず　耕耘の精粗培養の過不及を顧みず猥ら栽植する　固より予輩の取らざる所なり」と述べている［6］。

また「桑種の種類…大別して三類となさんに曰く有花種曰く有實種曰く花實兼有種是なり（何種と雖ども大木となるに到れば此三種の外に出でず）」［6］(注5) と、農業に精通する船津は品種の選定は土性・土地条件や肥培管理、育苗と切り離して考えられないと強調する。

（補論1）『続養蚕新論』における品種の説明(注6)

「市平」は市平という者の作出による「早生桑の極めて良品」としている。上野国佐位郡伊与久村の村岡才平という者が岩代国伊達郡より携え来たもので「わせ桑にて稚蚕の養う頃には欠くべからざる良桑」である。岩代、上野、武蔵の国に多い。「高助（介）」は「中手の桑にて最も上好な種類」。岩代＝福島県に多い。「赤木」は幹赤く大木となり羽前国米沢辺に多い。

「四つ芽」は「桑の芽他の種類より幹の四方に葉を生ずる形ありて、如何にも葉の多き晩生の良種」で、信濃国＝長野県に多い。「鼠返し」は「桑の芽他の種類より多く、葉を生ぜし頃、鼠の登る能わざる程に繁茂せる」品種で、信濃国＝長野県に多い。

「十文字」（＝上野武蔵では「霜潜」又は「八日市」）は「幹少しく淡黄色の気ありし奥手桑にて、芽近く生ずるを以て十文字の名あり、幹は短けれとも葉の多きこと他の桑の及ぶ所にあらざるなり」品種で、相州、武州八王子宿多摩川辺に多い。「霜潜」（＝「十文字」）は、武州加美郡八日市村に多く産する桑であり「春分八十八夜頃他の桑すでに芽ざせども未だ芽を生ぜず霜災ありても無事に繁茂せる桑故に、養蚕農家多少共欠くべからざる奥手の良種」で、相州、武州に多い。

「こぼれ桑」（変異種名の説明か）について「幹青くしてなめらかなり、桑の芽ざす頃その葉こぼれ安き故に名ずくる」と説明している。

（補論2）『前橋市史』における桑品種の説明（注7）

「大和」（「昔大和」）は文久・元治年間（一八六一～一八六四年）前橋藩主松平大和守が普及させた品種、南橋地区青柳で改良された「青柳大和」（大和の改良種＝太大和か）が作出されたため、「大和」は明治期には「昔大和」と呼ばれた。

「甚三」（＝別名「総社桑」後に「群馬赤木」）は、享保（一七一六～一七三六）年間に元総社の小野沢甚三郎が作出、総社地方に多く栽培された。「権七」（＝「半田桑」）は天明三（一七八三）年の浅間焼けの際、上流から流れてきた苗を半田の権七と言う人が栽培普及した。

「市平」は早生、葉は大きく良品種。「十文字」は晩生。「大島桑」は、嘉永・安政（一八四八～一八五九）の頃佐波郡三郷村の板垣軍蔵が作出、国府村では大正十（一九二一）年頃栽培される。

（注）

（1）『続養蚕新論』［73］で触れている（補論1参照）。

（2）岐阜県『農談筆記』掲載品種、［10］二～三頁。
（3）『栽桑実験録』に説明のある十品種、［6］一八～二二頁。
（4）『栽桑実験録』に葉形図のある品種名、［6］四五～四六頁。図にない品種名のみの品種、［6］二二頁。
（5）船津の桑栽培へのこだわり『栽桑実験録』［6］一九頁、桑樹の種類［6］一九頁。
（6）『続養蚕新論』［73］五四～五五頁。
（7）『前橋市史』［75］三巻四四八～四四九頁、五巻九七四～九七八頁。

⑷ 移植・仕立て

岐阜県『農談筆記』では、桑樹の移植は「先つ地形地質日光の透徹と弊遮と風位の如何」［10］を考慮しなければならない。また、良い桑葉を長く得ようとする場合は、深植えが良い。深植えは、乾燥地や風の強い地域にも適している。これに反し浅植えは「繁茂速かにして衰弱するも亦速か」［10］とある(注1)。

上州地方では、地域の「高低寒暖」（標高）により植え方を異にするが一定の決まりがある訳ではない。しかし、寒気に良く堪える苗は「筋桑」が一番で、「中澤桑」「大和桑」「大縮緬桑」がこれに次ぐ。「こぼれ」と称する桑は、喬木にならないので霜雪の害が多く、苗を選ぶときには品種に注意が必要であるとする。

移植は「桑苗を植うるの際　二尺四五寸に切断し土中に五寸許り植うるときは　該年幾許も生長せさるものなり　而るに明春に至り根際より切断するときは　意外に繁茂伸長するものなり　且桑苗は凡て仮植すへし仮植したる桑苗は　根に充分勢力を備へたるを以て寒気に中（あてた）る憂ひ少なく　又切断して植たる苗は其年已に七八尺に成長するものなり」［10］と、仮植と移植時の苗切断を奨励している(注2)。

桑苗の移植は、桑樹の仕立法により栽植密度が異なり、仕立法には根刈、中刈、立通等がある（**第8表**参照）。

『栽桑実験録』では、根刈桑植付地は霜害や洪水の害が少ないところが適している。また根刈は、育苗についても撞木取り等取木にも便利である(注3)。

中刈は刈株の高さ「一尺から六尺」とし、高さの高低は地域により格差があり、その理由は萌芽の際霜を被る、氷筍の害、路傍の塵埃に触れる、牛馬の害を避ける等。「低株は截取りや叉は束ぬるに頗る便利なりと雖も寒威に冒され易く　高株は幹部に虫を生ずると諸作物を蔽障するの害を免れず」［6］と、霜害や雪害の恐れがある場合は高株が良いとする(注4)。

立通しは「山間地の降霜地に適応なる仕立て法」で、桑樹のためには良くないが樹間に大小麦や豆類等作物を栽培する場合があるとしている。移植法は中刈を参考、深さ二・三尺幅三・四尺の穴を穿ち肥料は穴と苗木の大きさに斟酌し、苗木は仮植し「両三年にして一丈餘の巨苗となし」［6］移植するとある(注5)。桑畑植付は、桑園造成のため桑を栽培作物として仕立法（根刈中心）を地域・土性、品種選定、育苗、耕耘・肥培管理、截桑等と関係づけて論じている。

荒無地植付とは、「笹篠草木の繁盛し歩を移すを能わざる場所」で、前年に丁寧に雑草を刈取払い悉くこれを焼き日光に晒して、其の年十二月頃に高刈または立通し桑を植える要領で行う。流作場植付とは、時々洪水氾濫する地に桑樹を移植することとある。

第８表　桑苗仕立て･移植法の特徴

地域	仕立	高さ	畦間×株間＝本数／反当
霜傷少なくして害なき所	根刈	—	５～６尺×2.5～３尺＝600～864 本
霜害・洪水害ある所	中刈	１～６尺	７～８尺×３～3.5 尺＝385～514 本
山間の降霜地	立通	10 尺	40～80 本
田畑の廻り桑	根刈	2.5～３尺	境界より２尺離、株間 2.5～３尺
同上	中刈	３～５尺	３尺離、３～５尺
同上	立通	10～12 尺	３～4･5 尺離、９尺

出典：『岐阜県農談筆記』（明治 15 年）、『栽桑実験録』（明治 16 年）より作成

（注）

（1）桑苗移植は、地域差（標高）や品種の特徴を考慮して、深植が良い、浅植えは桑樹の衰弱が速いと説く。岐阜県『農談筆記』［10］一四〜一五頁。
（2）桑苗の仮植や移植時の苗の切断が重要と説く。［10］一三〜一五頁。
（3）明治期の桑品種と根刈桑園の形成について、明治三十年以前は早生で春蚕向きの山桑系品種が多かった。しかし、山桑系品種は萎縮病に弱い。荘野修「桑栽培技術の史的展開と養蚕経営」［79］四四四〜四四五頁。
（4）中刈りも地域差あり、低刈は作業しやすい、高刈は霜害対策に良いと説く。船津『栽桑実験録』［6］。
（5）立通しは霜害・雪害に対応するものとしている。船津［6］。

（5）桑の肥培管理

桑樹培養法

諺にある「桑樹の培養は寒帷子に夏布子と實に然り　冬季は可成根際の土壌を排除し風雪に晒し日温を受けしめ夏季は可成根際に土壌を堆積して酷暑を蔽遮すへし　而して地力を加ふることを務可し」［10］とする。また「地力を加ふるとは…土性も亦然り砂土に粘土を加へ粘土に砂土を交へ施肥培養彼此調和する是なり」［10］と船津は桑樹の肥培管理は土性、土地条件に関係していることを説く（注1）。

培養について岐阜県『農談筆記』では、埴土及び壌土には「柴草或は塵埃及ひ鋸屑の類を多量に用ふへし生草は一坪に凡そ一束（四五貫目）を用ふれは酒粕等を用ふるに優れたり　併し右等の肥料を砂土に用ふるときは容易に腐熟せす」［10］と、粘土に「酒粕或は大豆の類を用ふれは却て固結して菜桑少なく且桑樹衰ふるものなり」［10］と、土質と肥料との関係を重視している（注2）。

砂土には「酒粕大豆」の施用がよい。酒粕は大豆より効果が大きく速やかで、大豆は効果が遅緩であるが永く効く。また粘土には「軽鬆土にすへき塵芥鋸屑等を施すへし又間作に豌豆金時大角豆（共に菽名）」［10］を播種し、翌年の四、五月の頃根際に埋めれば良い肥料となるとする（注3）。

桑葉量について「分量を多く収得せんと欲するには」［10］、酒粕大豆が第一で、次に干し鰯鯡等がある。大豆を肥料にするときはよく煮て糞桶に水と混ぜ腐熟させて用いる。そして総て肥料は「桑樹に限らず時季の寒暖によりて大に其効を異」にする［10］。例えば冬季の甚だしい寒さや夏季の酷暑、日中の暖和や夜間の清冷等により肥効の差異があるという。

しかし『栽桑実験録』では、実用性・経済性を考慮して、桑園に蒔いて埋肥として効果あるものとして豌豆（えんどう）、金時豇豆（きんときささげ）、蚕豆（そらまめ）、莇豆、大角豆等を重視し、次のように述べる。①豌豆、蚕豆は前年十月頃株間に一、二畦播き翌年五月頃根元に埋没、②金時豇豆、莇豆類は暮春若くは初夏に播蒔し土用に雑草と共に埋没、③八、九月頃には生草、乾草、塵芥を肥料にする。④埴土・粘土には諸雑草の肥料が良く、萩萱等も穂の出る前に刈り取ると良い肥料になる。その他に雑草を刈り込んで各年毎に埋肥とするのも良い。これらの肥料は「堅硬緻密なる土質を軟膨」［6］にして光線を透徹し易すくする効果がある（注4）。桑樹は種類を問わず土質の堅硬すぎれば樹虱を発生して遂には枯死することがあると述べる。

そして肥料を施与する場合、肥料の効能を重視するが、「須らく先づ損益計の一點に注目し以て事に従はざるべからず」［6］と、経済性を第一に考慮すべきであると説く（注5）。

（注）

（1）諺、地力について、船津［6］一六頁。船津は根刈・中刈桑園の耕耘と肥培管理の基本を説く。宮沢鉄雄「栽桑」『群馬の養蚕』［78］八四頁参照。
（2）土壌の培養について、埴土・壌土、粘土、砂土、［10］一六～一七頁。
（3）桑葉量と肥料の種類関係について［10］一七頁。
（4）土質を軟膨に、［6］三三頁。
（5）施肥の実用性・経済性について、［6］三一～三四頁。

（6）截桑について

岐阜県『農談筆記』や『栽桑実験録』では、桑樹の伐採についての截桑（かりくわ）という項目設定があり、桑樹伐採による桑葉収穫（強剪定）と桑樹再生・生理について論じている（注1）。

岐阜県『農談筆記』では、桑樹の伐採（截桑）については「中刈りとし根刈とし或は自由に伸長せしむる等客々地形寒暖に依て異にするものなり…中略…根刈桑を截採るには其の根際より截取るへし　若し根際より切断せさるときは新芽極めて細くして弱きものなり」［10］と論ずる（注2）。また伐採について「今日栽桑とし明朝桑園に至り其のきる截口を驗するに水気の上騰せさるものは再ひ低く伐るへし何となれは水気の登らさるものは必す根底に虫蝕或は他の障害物のあれはなり」［10］とある。

『栽桑実験録』では、截桑とは「根刈桑及中刈桑を截取る」を言う。その截方は根刈、中刈とも「株際の小枝を少しも残さず截取るに注意し　その截口は馬蹄の如くならしめ大梢は根より二三分許を截跡の高きも敢て害なしと雖ども　小梢に至りては鬚髯を剃るか如く截痕の見えざる様株際より截るべし」［6］と説く。小梢は、截り残すと「枯槁」するか、錯乱して悪株となり手入れが不便になり収量の低下になると述べている(注3)。

根刈について諸説あるが、「根際より截りたるものは萌芽少なくして勢力旺んなり故に梢蕊〈しょうずい〉延長するに随い翌年の葉量も亦随って多し」[6]とする)。また、根刈は簾伏苗や挿木苗を取るに適しており、良苗を得ることが出来る、とする(注4)。

そして根際(きわ)から桑を截取るのは容易でないと思われるが、熟練すると大きな力を要せずして截取る事ができるとも言う。

桑梢を「遅く截る(発芽より凡四十日)は害の甚しきものなり」[6]と、時候の遅い山間地では截桑ではなく「摘桑扱桑(つみくわこきくわ)」により桑葉の収穫を行うべきとしている。扱桑とは「立通し」桑の葉を扱き採ることを言う。その方法は、竹や杉の丸太、梯子を使って桑の枝に苧縄を結びつけ、立通しの桑の葉を摘み採るか扱採ると述べている(注5)。

(注)

(1) 荘野は喬木性桑樹の強剪定による栽培化について、桑は典型的な中耕作物と指摘、荘野修「養蚕の発達と日本農法」[74]九四~九六頁、一〇一頁。栽桑技術の後進性、宮沢鉄雄『群馬の養蚕』[78]九一~一〇三頁参照。

(2) 截桑、岐阜県『農談筆記』[10]一八頁。

(3) 截桑、『栽桑実験録』[6]四一頁。

(4) 根刈の截桑、『栽桑実験録』[6]四二頁。

(5) 摘桑と扱桑、[6]四三頁。

（7）その他

害虫

桑樹には数十種の害虫があり、「尺蠖虫〈しゃくとりむし〉、桑蛅蟖（くわぜんし）〈けむし〉、鐵砲虫、心切虫、白蚜虫〈はくがむし〉、赤蚜虫〈せきがむし〉、桑虱、桑蠶〈くわこ〉」等である。「尺蠖虫」の駆除は、落葉の頃か萌芽の頃に捕獲して殺すとある(注1)。

桑疾病

縮葉病〈＝萎縮病〉は、「刈株後の嫩芽に發生（葉裏に小虫居れとも他株に伝染せ無）するもの」。「該病は浅く植えたる「翻桑」の種類に多し　蓋し其浅植に因るならん　然るに翌年に至りて病毒消滅して其の跡を見ず」［6］と、ある(注2)。予防困難であるとしている。

根黴病〈ねかびびょう〉（＝紋羽病）は方言では桑疫病とも言う、「地中の根部に赤網の如きものを帯び漸次層を増し　土中の根は白黴に変じて枯死す　その傳染最も甚し又一種の白黴のみを生ずるあり」［6］、その予防法は塩一升に水一斗を混合し根の洗浄をするか、別法として木灰二升沸騰湯三升を和してその上澄みを使用して洗浄する方法がある。一年に二〇株から二〇〇株にも伝染し桑病の中で最も恐ろしい病気であると言う。

桑樹効用

桑樹の効用は「頗る多きは世人の能く知る所なれとも　先つ喬木として三伏の烈日を蔽遮すへし中苅として藩籬（はんり）〈かきね〉となすへし　葉は蚕を養ひ皮は紙を製すへく　幹及ひ枝の大なるものは用材又は器具に供す」［6］と、この様に効用が多いので桑樹は農家に欠くことができない良樹であると言う（注3）。以上、桑栽培について体系的・総合的に触れている。

（注）

（1）害虫、尺蠖虫、［6］三四～三八頁。
（2）病害、縮葉病、［6］三一頁。根黴病、［6］三九～四〇頁。
（3）桑樹効用、［6］四三頁。

2　萎縮病対策と栽桑・肥培管理――『萎縮病予防問答』

『桑樹萎縮病予防問答』の冒頭には「一章より三章迄は萎縮病の質問にはあらずと雖も該病に関係多きを以て始めに記す」［9］と角田喜右作の注意書きがある（注1）。

その理由は、船津が桑の栽培、培養法、截桑（強剪定）を知り尽くしており、当時各地に蔓延した萎縮病の有効な対策や桑の肥培管理について、具体的で簡潔・明解に指摘しているからである。この栽培技術は、後に大正・昭和期の桑園の栽培管理の基本にもなっている。

（補論）萎縮病の発病要因について

萎縮病の原因については、明治期より昭和初期まで、桑の生理障害説、即ち桑樹に対する一斉伐採と過度の摘葉が桑の生理を害する結果、樹勢を損ない発病する説が有力であったが、昭和四十二年、ヒシモンヨコバイの媒介によるウイルス説が有力となり、昭和四十二年以降はマイコプラズマ様微生物による病原説が有力になった。

南澤（注2）は、萎縮病がマイコプラズマ様微生物による伝染病であるにしても、発病は桑自体の抵抗性、栄養生理条件、その他の要因が複合的に関与していると指摘。その発病条件として、ⓐ発病地で育成した桑苗の栽植と罹病株の放置、ⓑ耐病性の弱い品種の栽植、ⓒヒシモンヨコバイとヒシモンモドキの多発、ⓓ春秋蚕兼用桑園の夏切の連続、ⓔ一斉伐採収穫及び過度の摘葉、ⓕ速効性窒素質肥料の多施用、ⓖ河川流域の沖積土を挙げる。

また、防除法としてⓐ大島桑等の抵抗性品種の栽植、ⓑ病株の早期除去と媒介昆虫の駆除、ⓒ低い根刈は高め仕立にし春秋兼用桑園の一斉伐採をさけ夏秋専用桑園を設ける等樹勢の保持に努め仕立法・収穫法の改善、ⓓ深耕と有機物の多施用による土壌改良と肥培改善、ⓔモリブデンの施用など土壌の微量成分の改善を挙げている。

(1) 秋冬期の桑枝の結束の意義と時期について

以下は、角田の質問に対する船津の応答である。

問　秋彼岸即ち九月二十日頃より根刈桑の枝梢を束するものあり、又は十月下旬麦播き整地に際し畑廻りの桑を束するものあり、次に桑園等に於いては黄葉を待ち十一月中旬束するものあり、或は落葉を待ち十二月又は一月頃に至り束するものあり、又更に束子ざるものあり、何れを可となすべきや否や。

答（注3）、

「郷里地方の根刈桑及中刈桑に就ては五月下旬に刈たる株及早葉桑なる者は　秋の彼岸即ち九月二〇日頃より束子初め十月上旬を中とし　又六月に至り刈りたる株又晩桑なれば同月中旬を中として束ぬるを可と察す　九月二十日頃より束ぬるは早きに過ぎ未だ枝梢の硬固にならざるが為風雨に動かされ枝梢の皮に幾分か束子傷を附し　為に翌年発

芽の充分ならざるものあるを免れずと雖　少し早く束子て畦行間を鋤起し　襤褸根（ボロ根）を切り土塊（砕かず置くものとす）に残暑中の光線を受けしめ　能く乾かすの効あるに遠く及ばす」［9］

「根刈桑は高刈桑及立通しの桑園と異なり　早く鋤起して強き光線を地表に導き乾燥せしめざれば　樹下の黴菌や虫類を除くこと克はず　然る時は害物繁殖して樹勢衰へ　終に萎縮病等を惹起すことあるべし」［9］

(2) いわゆる「土用布子に寒帷子」について

問　桑樹培養に付、炎暑中刈株の根辺に土を寄せ、冬は之に反して行間を鋤起し根辺の土を取除くを法とす、之を俗に土用布子に寒帷子と唱ふ、是れは実際効ありや否や。

答(注4)、

「其効用莫大なり　如何となれば繁茂の宜きのみならず少しく栽培に注意せば萎縮病等に罹ることなからん」［9］

(3) 年間の桑園の手入れとその回数について

問　桑園の手入は一年間に何回なして可なるや（桑の年間管理）。

答(注5)、

「根刈桑に就て謂わんに　刈取て四日目（草種の少き地は即日）乃至り十日目迄に　株際を深六七寸廻り各幅八九寸掘り和ぐべし（肥料は此期に施すを最も可とす）　此後に至り施肥する寸は翌年萎縮病を発する土質あり　次に六月下旬より八月下旬迄を期とし三回程行間の中程の土を取て（略）　株邊に寄せ覆ひ土用布子となすべし（略）　此法に因れは肥料を減じて繁茂を倍すること疑ふべからず　次に九月下旬より十月中旬迄に枝梢を束ねて直に犂鋤し（略）　十四五日を経て再鋤して行間一般に及ぶものとす（略）　而して寒帷子なし…三月上旬に至り畦行間の土塊を砕き黄根を顕はし置かざる様注意し　枝梢の下の束子を解くべし…大概九回程にて可なるべし」［9］

（4）萎縮病発生の特質について

問　桑樹の萎縮病は伝染性を有するや、又は遺伝性をも有するや、或いは特発性ありや。

答(注6)、

「伝染性も遺伝性も幾分かあるべしと思考す　然れども該病は栽培の順序を誤らざれば発することなかるべし　或は発することあるも容易に豫防することを得べし」［9］

予防の内容は三章〈③〉に示したとする。発生条件について「左に発するの目を掲けて参考に供す」［9］と詳細な観察と検討を行っている。

一　栽培の方法及順序を誤りたる桑に多し。
二　根刈桑に多し。
三　浅き所に襤褸根の多く出つる種類に多し。
四　肥料の種類及用法を誤りたる桑に多し。
五　土用布子に寒帷子の方法に背きて栽培をなしたる桑に多し。
六　雨中及雨後に刈取りたる株に多し。
七　年々桑葉を惨酷に取りたる桑に多し。
八　粘埴土、湿地、至って細砂土、輜鬆土等に多し。
九　遅く刈取りたる桑株に多し。
十　満一ヶ年以上を経たる枝梢を炎暑中に於て刈取りたる株に多し。

（5）萎縮病の予防法について

問　埴土質にして乾燥宜き田地を畑となし、桑を植るに当り最も病気に罹り易き種類、即ち細江又は権七桑等を植て、以て該病を避くるの方法ありや。

答(注7)、

「田地の中低土に改修法を行ひ而して栽植せば可なるべし　其の改修法は乾燥宜しき時を撰んで田地の表土を深四五寸以上右へ鋤除け　其の下を深一尺二三寸以上打起し（石砂等の之なき地なれば火山礫の如きものを砕きて混入すべし）打潰し　其上に左の表土を載せ順々に改修するものとす」［9］

(6) 萎縮病の具体的治療法について

問　萎縮病治療法は前に承りたる籾山氏の説より他に方法ありや。

答(注8)、

「桑根が自由に蔓りて自由に養分を吸収せらるる様注意せば治するものたるや疑ひなからん　去りなから重症に罹りしものは速やかに掘抜き　其跡に上等の苗を植えるが経済たるべし　軽症のものは冬春雨期中好時宜を撰び根を掘り顕し　根の細太を問はず幹を二三寸隔て、半数程切り除き　その先は悉く抜き取るべし」［9］

(7) 萎縮病に罹った桑園の再生について

問　拙者の桑園は行間六尺株間二尺五寸にして一反歩に七百二十本の割合に植たるものなり、然るに貼々と萎縮病を発しその数一反歩に凡そ二百本以上あり、因て病気に罹りしものを掘捨て、その場に上等の苗を植えるも左右の桑壓倒せられし為に成長可ならず、加ふるに貼々病気を発すること止まらず如何せば可ならん。

答(注9)、

「病気に罹りしもの一反歩に二百本以上ありと聞けば病桑なるもの一反歩の内三畝歩程の株数なり　其救済策は先

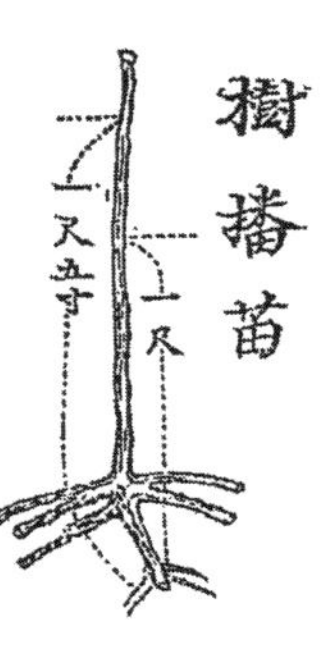

第6図　上等な樹播苗・傘状苗
角田喜右作『桑樹萎縮病予防問答』(明治31年)

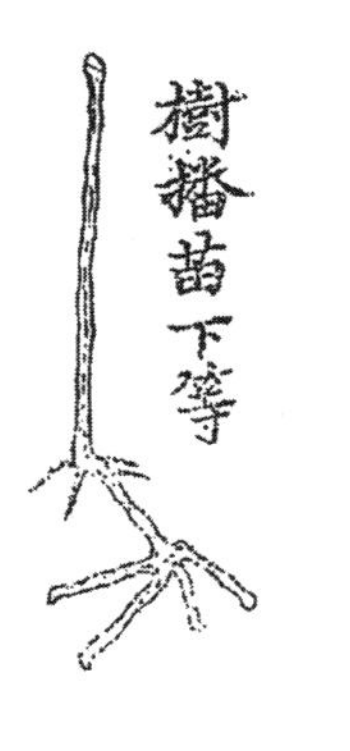

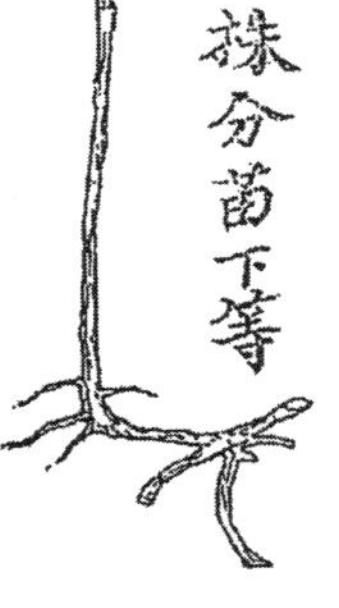

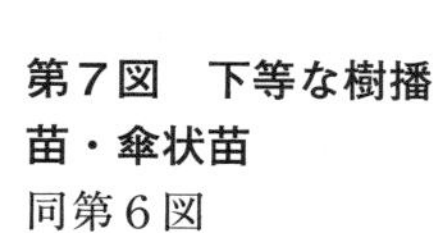

第7図　下等な樹播苗・傘状苗
同第6図

病桑を残らず掘り抜きたる重症のものは焚物とし　軽症のもの前六章〈（6）〉の移植法に因らは快復して上等の桑園となるべし」［9］

（8）萎縮病に強い苗の育成について

問「根刈株の桑園を設くるに当たり……表土の部分に太根の多く発する苗（上根）を作る方法及び栽培の順序」、上根の太い苗の育苗法について。

答（注10）、

「表土の部に太根の発する様に苗を作るは樹蒔法を最上とす　樹蒔種に用ひる種樹は横伏簾伏（一名簀子伏）等にして伏せたる枝梢黄色なる部分にして　利鎌を以て之を二節つつに切りたるものを最も可とす　その他傘伏株分け等の苗樹の切り出しにても宜し」（**第6図、第7図**参照）［9］

なお良い桑苗について、船津は「桑苗は太き上根の多きものを植えれば繁茂の最も宜し」［28］と、『巡廻講話』で説いている。また明治二十三年の「共進会」（内国勧業博覧会か）の審査官になった時、彼の他三名の審査官も含めて、良い桑苗の判断の規準になったとも語っている（注11）。

（注）

（1）角田喜右作の注意書き、［9］一頁。
（2）萎縮病の病原、南澤吉三郎『栽桑学』［76］三四三～三五〇頁。
（3）束子（結束）の意義と時期、［9］一～二頁。
（4）「土用布子に寒帷子」、［9］四頁。
（5）年間の手入れ回数、［9］六～七頁。
（6）萎縮病発生の特質　、発生条件、［9］八～九頁。
（7）予防法、［9］十二頁。
（8）治療法、［9］一四頁。
（9）桑園の再生、［9］一五頁。
（10）萎縮病に強い苗の育成、［9］一六～一七頁。
（11）船津の良い桑苗は「太き上根の多きもの」、長野県『巡回講話筆記』［28］二一～二三頁参照。なお蚕糸業法では桑苗の格付けを根回り3区分（三・五cm以上、三・五～二・五cm、二・五～一・八cm）と根部の発育状況二区分（良好、普通）により六段階（大甲、大乙、中甲、中乙、小甲、小乙）に分けている。南澤吉三郎『前掲』［76］一八六頁。

（補論）霜害予防法――『桑樹霜害予防法案』にみる

明治三十年、船津は往年の桑樹の頻繁な霜害に対してその効果的予防法『桑樹霜害予防法案』をまとめ発表した。問答形式によるその要旨を示す。

問　当地方は概して刈桑であるが「明朝必ず降霜のあることを察知しその夜の零時頃より翌日午前七時まで桑園内に於て火を焚き十分に烟を起したるも其烟は真直に昇りて餘り効用をなさざりしが他になんぞ霜害予防の明案ありや」。

答曰　霜害予防は三齢までの給養する部分の桑株を家宅の近くに設けること「原紙一枚に對して桑園を二畝歩とし一歩宛に付一本植ゆる（ママ、二本か）とすれば百二十本となり降霜に先ち此の桑に筵にて包み無事に防御せは三齢まで養うこと」可能である。この防御法は早生桑を選んで根刈桑とするのが便利である。図（略）の如く「株と株との間を二尺程とし正三角形に一株植ゆれば二畝歩に四十箇所なり（覆ひを為すため一歩半内の中央に寄せ植えにす）」（注1）。

（注）

（1）独創的な霜害対策法を考案「桑樹霜害予防法案」、船津［8］：『群馬県蚕糸業沿革調査書』［31］一八一～一八二頁。

3　栽桑のまとめ

まず第一に、岐阜県『農談筆記』と『栽桑実験録』の両書は体系的総合的に桑樹について論ずるが、船津が最も重視し頁を割いている課題は、桑苗の増殖法であり、その中では簾伏、撞木（分株、樹蒔含）、挿木、実生、接木等を詳細に検討しており、特に簾伏、撞木、挿木を丁寧に説明している。実生（実蒔）はあまり重視しないが、河川敷における栽培や接木の砧木としての利用価値を論じている。接木は良い苗ができるが時間と手間がかかるとする。これらは、船津農法の「苗半作」を重視する考えからも、納得できる。

第二に、桑の品種については、葉の大きさや葉質、収量ばかりでなく、土地条件や仕立法・肥培管理に適応可能か等も含めて品種は検討すべきであると説く。また、蚕の掃立との関係から早生、中生、晩生の関係も詳細に検討している。さらに品種については、桑の仕立法との関係（根刈・中刈・立通し）からも検討が行われている。

第三に、喬木性の桑樹を年一回は強剪定することと桑の再生のための肥培管理法について、基本を「土用布子に寒帷子」として、モンスーン季候・四季を通して年間の肥培管理の基本を分かりやすく説いている。

第四に、『桑樹萎縮病予防問答』は、角田が栽桑や萎縮病対策について質問し船津が応答した内容を問答集として著した両者の共著である。船津は桑の栽培、生理・培養法を知り尽くしており、それらを活用し当時各地に蔓延した萎縮病の有効な対策や桑の肥培管理法に具体的で簡潔に論じている。船津の桑栽培や肥培管理法は、後に大正・昭和期の多回育養蚕においても栽桑や仕立法、桑園の肥培管理の基本になっている。また、昭和五〇年頃の密植機械収穫桑園の造成に際しても、船津の樹蒔法や簾伏方法等による育苗法は活かされていると考える。

第六節　第Ⅳ章のまとめ

船津の養蚕法は、船津農法を理解する上で、大変示唆に富んでいる。

まず養蚕経営論では、分限（金持ち・金儲け、本来の意味は「分相応」）という言葉がしばしば使われており、まさに明治維新以降の農業は、単に作物を育て収穫することにとどまらず販売し収益を得ること、商品作物を生産し実業として金を儲けることが語られている。養蚕経営では、他の作物では語られない積極的な農業経営論、経営のリスク管理や稚蚕期の委託・請負飼育等、経営合理化論や経営発展論が語られている。

育蚕論では、種繭生産から糸繭生産への転換期に、清涼育による糸繭生産農家の経営・技術改良が詳細に語られ、清温育（折衷育）確立までの糸繭飼育法としての役割を果たしている。船津は、常時加温する温暖育や清温育を批判するが、稚蚕期の飼育温度が華氏六十五度（一八・三℃）以下の場合加温を認め、就眠時も六十八度以上とした。このようなことから船津の飼育法は、高山社清温育等の折衷育に近く、飼育日数も清涼育の四十五日以上と比較して、約四十一日前後に短縮されたと考える。

栽桑論では、「苗半作」や根刈栽培の普及により、桑を他の普通作物同様に栽培し、育苗、仕立法、肥培管理、截桑（強剪定による収穫）等を論じ、管理の基本「土用布子に寒帷子」が、見事に論じられている。桑樹萎縮病対策では、船津農法で作物病害の軽重を軽減する要因に「気候、土質、肥料、手入れ（管理）」が関係している、との指摘が活かされている。

第Ⅴ章　まとめ

本書では、船津の農法変革論について四つの課題を論じてきた。その第一（Ⅰ章序論　船津伝次平の農法変革論）では、船津の農法変革論とその方法を理解するための三つの視点について、第二（Ⅱ章船津農法の確立と展開）では、船津農法確立の意義・目的、その特徴・性格について、第三（Ⅲ章船津伝次平の「底破法」と田畑二毛作論）では「船津農法」の目標と展望、到達点について、第四（Ⅳ章船津伝次平の養蚕法）では、船津の養蚕法確立の意義と成果、特に養蚕経営論を中心に船津農法全体に与えた影響についての検討・考察、である。

第一の船津農法変革論を理解するためには、①農法変革の方法と意識改革、②農法論の視点からみた船津農法確立の意義、③有機農業の視点という、三つの視点が必要であることを指摘した。

①の農法変革の方法と意識改革では、「作物の性質（変化）を了知する（知る）」から「改革（改良）する」ことへの認識の飛躍、「客体から主体」へという実践・実証的視点への意識改革の必要性について述べた。そして船津農法の確立には、実践・実証のための要因分析と内在的論理の展開を踏まえて、科学的な思考から改革へ、実践・実証への飛躍があったことが確認された。

戦前に大西伍一は、船津の農業上における多くの経験・実証した知識の小論化（理論化）を認めながら、船津農法には体系だった科学性が認められないとした。

戦後、石井泰吉が、船津の実証的姿勢（自然科学的）を評価し、その科学的精神や実証試験・技術的手法を高く評価した。しかし、石井は農法論的視点の欠如から、船津の内在化された論理、農業（作物）変化の要因分析・考察、要因相互の関連性については触れておらず、改革の方法と意識改革について、すなわち船津の「率性論」の関係については、あまり掘り下げて論じていない。

この問題に注目した斎藤之男は、船津の「率性論」に関する理解を深め二点を指摘した。

一点目は内在的要因化とその分析に関してである。つまり「変化を知る」ことから「変革する」ことへの飛躍の論理を、「経験・実践」に蓄積されたエネルギーに求め、そのことにより「改革・創造」が生ずると意識改革への転換力を述べている。

二点目の客観的データを重視した自然科学的な実証的姿勢についてであるが、この点では石井の評価とほぼ一致している。

以上見られるように、斎藤により船津の科学的考察（認識論）は、社会科学的な視点（実学的意味で）からも論理的に究明されたと考える。船津は「率性論」において、「作物の変化を了知する（知る）」から「改革する」ことへの飛躍を、人間の主体的な意識改革と重ねて論じていることが分かった。

②は農法論の視点であるが、船津は試行錯誤を経て「作物変化の要因」が「土質（気候含）、肥料、育種（交配）、人工（接木等）、手入れ（管理）」（病害等負の変化を含）の五つであることを理解するに至った。この内「土質（気候含）、肥料」を基本要因して掘り下げて考察した。つまり土地利用方式や地力再生産機構を重視したのである。これは船津農法が農法論（農業の生産様式論）の初歩的形態を整えていることを意味しており、その後の農法論研究の発展にとっても興味深い。

③は有機農業の視点についてである。化学肥料や化学農薬、機械の無い時代の農事改良の取組は、今日の有機農業者にとって知識や知恵の宝庫であると共に、持続・循環型農業の発展方向を解明する鍵（かぎ）を示していると思われる。船津は、作物栽培の基本を、選種・健全な苗の育成に置いている。また、作物の病害を軽減する要因として、「土質（気候含）、肥料、手入れ（管理）」の三点を指摘している。作物や品種の選定に際し地域の土地条件・土壌環境の重要性を強調し、良質な堆肥の製造と施用法が土壌環境に関係すること、適切な手入れ（管理）について論じており、桑の萎縮病対策においては見事にその有効性を証明している。

船津農法は、以上三つの視点から見た場合、学ぶべき所が極めて多く、理解もし易いことが分かった。

第二の船津農法の確立と展開では、従来、船津の功績評価は、日本農業・農学研究においては水田農業（水稲）が中心であったが、畑作、養蚕を含め体系的な技術評価の必要を感じた。そこで、各道府県編『農談筆記』や『巡回講話筆記』を通して、農事講話の変遷を検討した。船津は、巡回教師として農事改良の方法を考察し、試行錯誤を重ね「巡回講話」初期に（明治二十二年頃）、農業者や技術者など人々の意識改革の重要性と農法発展の論理、即ち船津農法論を確立した。

船津は、農事改良の推進のため、第一に重視したのは人々の意識改革であり科学的な認識と実践的な姿勢である。「植物の性質（変化）を了知する」では、科学の力を借りて作物の性質（変化）を良く知った上で改良を図ること、と重ねて人間も変化を知り、主体的実践的な改革姿勢を持つこと、意識改革の重要性を説いた。このことを中庸の「天命之謂性　率性之謂道」で表現したとおもわれる。

次に、船津は作物（農業）変化の要因を、病害を含めて分析・考察し、その要因を「土質（気候含）、肥料、育種

（交配）、人工（接木、家畜改良等）、手入れ（管理）」の五つとして、特に「土質（気候含）、肥料」の二つを基本要因として重視した。船津農法確立の意義は、まさに今日の農法論の初歩的形態を備えていたことである。

農法論の土地利用方式、地力再生産機構、労働様式の三範疇から見た場合、「船津農法」は土地利用方式（気候・土質、土壌環境と前後作関係、「田畑底破法」、土地改良等を含めて検討）、地力再生産機構（各種肥料の製造、並びに活用法と効果、持続型・循環農業等を含）については、さまざまな視点から検討・考察して農法発展の論理を構築している。労働様式については、犂耕すら不安定の時期にあり、労働手段の未発展から農業労働様式の理論化は進まなかった（栽培管理技術のレベル）と考える。

船津は、稲麦、養蚕・桑栽培、芋類、豆類、根菜類、葉菜類、果樹類等幅広い作物について、在来農法を実証的に検証し、必要に応じ様々な改良工夫を行い、独創的な農法を考案している。その特徴・性格は、適地適作・適品種、選種を重視して優良な種苗の確保を図り、薄播・疎植により肥培管理を徹底、作物本来の生命力を可能な限り引き出す農法であり、今日の有機農業に通ずるものがある。

船津農法の確立は、作物変化の要因を分析、作物個々の栽培技術やその改良、導入を図ることを基礎にして、土地利用方式、地力再生産機構を中心とした農法展開の論理（農法論の初歩的形態）の究明を進め、さらに土地利用方式の転換・経営方式の変革へと発展の可能性を拡大させた。

第三に船津農法の目標および到達点について触れた。船津は新しい商品作物の導入と定着のために、地域に適した作物の選定、品種、作型の研究を重視した。

船津が重視した栽培作物は、陸稲、里芋、甘藷、馬鈴薯、落花生、等の畑夏作物や大根、白菜、甘藍等の秋冬や春野菜、桑等の新しい商品作物であった。その作物の栽培法や作型等、作物の単品技術の改良・改革を進めるだけではなく、「底破法」や土地改良による土地利用方式の変革、田畑二毛作化（水田二毛作、畑間作二毛作）、桑園管理法（桑の永年性作物化）等の確立を目指した。

畑間作二毛作は、麦の立毛中に新しい商品作物の播種・移植を行い、麦刈り取り後に中耕・培土、除草を行い、夏作の上根を守る農業であり、浅耕である。その弱点は旱魃に弱いことであり、これに対応するための深耕技術として「底破法」を四～五年毎に実施して畑夏作物生産の安定を図った。畑間作二毛作論は、新しい商品作物の導入による畑二毛作化と「底破法」が結合した「耐旱性、集約・深耕」農法の確立であり、水田二毛作化に対応したもので、畑作、桑園管理（第四養蚕法を参照）を含む「明治農法」の確立と考える。

さらに、集約・深耕による土地利用方式の変革、多品目生産技術体系の確立は、小農の集約的多品目経営や養蚕との複合経営を展望した。

第四に養蚕法について、船津は駒場農学校時代に栽桑、育蚕、養蚕経営について体系的詳細に論じている。

養蚕経営論では、養蚕経営を単独に論ずるのではなく、稲作や普通畑作物も含めた複合経営、多角経営を論ずることにより小農集約的経営の安定化を提唱している。また、養蚕の急速な拡大・発展のためには、熟練養蚕家による稚蚕期（一～二齢）の委託・請負飼育、中蚕期（三、四齢期）の飼育放棄を含む経営リスク管理等にも言及し経営的にも示唆に富んでいる。

育蚕論については駒場農学校時代までに限定されたが、飼育法は、種繭生産を目標とした田島弥平の「清涼育」に学んだところもあるが、改良して白繭種による良質な糸繭生産に適した飼育法を考案し、糸繭生産の拡大を重視した。

稚蚕期の飼育では、華氏六十五度（十八・三℃）以下の場合加温を認め、通風、除湿に丁寧対応、成育の斉一に配慮し、四、五齢期に竹簾を利用、自家蚕種の製造にも触れている。

栽桑論では桑栽培を重視し、桑を永年作物として根刈りを中心として桑園管理法を確立した。、育苗を重視し各種育苗法を研究して簡易で合理的な「桑苗簾伏方法」を考案し、「上根」の太く発達した苗を優良苗とした。桑樹の生理を重視した仕立法と収穫法を検討し、体系的な肥培管理法である「土用布子に寒帷子」を確立した。なお、この桑園管理法は、明治中期以降、各地に蔓延した桑樹萎縮病の対策にも有効な方法であった。

以上、船津伝次平の功績をまとめると、船津は各府県編『巡回講話筆記』で、農事改良の効果的方法として、人々の意識改革の必要性を重視し、また農法変革の方法を検討・究明、船津農法（農法論の初歩的形態）の確立を図る。水田農業（稲作）の技術改良の他、養蚕、普通畑作物を含む新しい商品作物の栽培技術の検証、改良を進めその地域への定着に努めており、それは博識な老農という評価に終わらなかった。

新しい作物も含む商品作物の単品の栽培技術改良とその導入を基本にしながらも、水田二毛作、畑間作二毛作、桑園管理法等の土地利用方式の変革を重視し、さらに多角経営、複合経営等（注1）、経営方式の転換を図り、集約的多品目経営（注2）の確立を目指した。農地の急速な拡大が望めない中で、永年制作物の桑園が急速に拡大することは普通畑や水田の二毛作化や集約的利用は、農法的にも必然的な方向であったとも言える。船津農法が目標としたところは、土地利用方式、経営方式の変革を目指すものであった。

通説では「明治農法」について、明治末期に稲作・水田農業中心に老農技術と農業試験場改良技術の結合による一連の体系技術、即ち「乾田馬耕、深耕多肥、正条植え、集約的肥培管理と水田二毛作化」等の完成により確立されたと言われてきた。

しかるに船津農法では、各道府県編『農談筆記』『巡回講話筆記』等において、すでにみてきたように水田二毛作、畑間作二毛作、桑園栽培管理法等、集約的な田畑作土地利用方式の確立、転換を詳細に論じていると共に小農的多品目経営、養蚕複合経営(注3)についても展望している。船津は水田農業の他、畑作、養蚕経営を含めた「明治農法」の確立を目指したものと思われる。

実際の日本農業の展開は、明治末期から大正期、昭和初期にかけて地主制の下ではあるが集約的多品目生産の方向へ、土地利用方式・経営方式の変革が、小農（自作中農を含）を中心とした精農家により目指されたと考える。それは戦後、農地改革を経て、高度成長期以前の関東農業に広く見られた小農集約的多品目経営、稲麦・養蚕複合経営等の原型であり、船津伝次平の洞察力には、改めて敬服せざるを得ない。

（注）

（1）戦前の多角化について、稲と養蚕の経済分析もその一部に含まれると考える。山田勝次郎『米と繭の経済構造』岩波書店［83］、参照。

（2）昭和初期の集約的な米麦・養蚕複合経営と季節雇用労働力について、早川直瀬『養蚕労働経済論』［82］を参照。

（3）戦前・戦後の群馬県の米麦養蚕複合経営や、関東農業の多品目経営については、田中修『稲麦・養蚕複合経営の史的展開』日本経済評論社［47］、永田恵十郎『空っ風農業の構造』日本経済評論社［42］を参照。

船津伝次平著書・資料・引用文献

（注1）引用文献は、船津伝次平著書、各道府県等編の船津伝次平『農談筆記』・『巡回講話筆記』、その他各章別に各年代別に列記した。
（注2）『農談筆記』『巡回講話筆記』は、文体の不揃いは「ひらがな」の読み下し文に統一した。また、引用文「　」内の〈　〉は著者の注書きである。

［1］船津伝次平「里芋栽培」一八七三（明治六）年：上野教育会『船津伝次平翁』［30］。

［2］船津伝次平「桑苗簾伏法」一八七三（明治六）年：『群馬県蚕糸業史』［33］。

［3］船津伝次平「太陽暦耕作一覧」一八七三（明治六）年：柳井久雄『老農船津伝次平』［41］。

［4］船津伝次平「養蚕の教」一八七五（明治八）年・石井泰吉『船津伝次平翁伝』［35］：上野教育会『前掲』［30］。

［5］船津伝次平『農家の薬』一八七九（明治一二）年。

［6］船津伝次平『裁桑実験録』農務局蔵版、一八八三（明治十六）年。

［7］船津伝次平「稲作小言」一八九〇（明治二十三）年：上野教育会編『前掲』。

［8］船津伝次平「桑樹霜害予防法案」一八九七（明治三十）年：『群馬県蚕糸業沿革調査書』（明治三十六年）。

［9］船津伝次平応答・角田喜右作著『桑樹萎縮病予防問答』一八九七（明治三十一）年。

（各道府県等編の船津伝次平『農談筆記』、『巡廻講話筆記』）

［10］岐阜県『船津伝次平農談筆記』上・下、一八八二（明治十五）年。

［11］農商務省『北海道農事問答船津伝次平述』一八八四（明治十七）年。

［12］滋賀県『農商務省船津御用掛滋賀県農事問答』一八八四（明治十七）年。

［13］千葉県『農産比較集談会日誌』一八八六（明治十九）年。

[14] 鳥取県『農商務省甲部巡回教師船津氏農事問答筆記』一八八六（明治十九）年。
[15] 岩手県『船津甲部巡回教師演説筆記』一八八七（明治二十）年：農書全集第二巻、農山漁村文化協会、一九八五年。
[16] 新潟県『船津技手新潟県巡回講話応答筆記』一八八八（明治二十一）年。
[17] 静岡県『農事説話集』前・後編一八八八（明治二十一）年。
[18] 群馬県『普通農事改良法口演筆記』一八八九（明治二十二）年。
[19] 神奈川県『農事演説筆記』一八八九（明治二十二）年。
[20] 長野県『巡回教師農話筆記』一八八九（明治二十二）年。
[21] 群馬県・山下篤愛『農商務技手船津伝次平農談筆記』一八九一（明治二十四）年。
[22] 船津伝次平『青森秋田山形三県下巡回復命書』一八九二（明治二十五）年。
[23] 滋賀県大津商報会社『船津農商務省技手演説筆記』一八九三（明治二十六）年。
[24] 奈良県『普通農事改良談話筆記』一八九三（明治二十六）年。
[25] 滋賀県勧業協会神愛支会『船津農商務省技手演説筆記』一八九三（明治二十六）年。
[26] 愛知県八名郡農林会『農事改良講話筆記』一八九四（明治二十七）年。
[27] 長野県西筑摩郡役所『普通農事改良講話筆記』一八九五（明治二十八）年。
[28] 長野県・帝国農家一致結合南佐久郡集談会『農事試験場技師試補石山勝太郎君同技手船津伝次平君講話筆記』一八九六（明治二十九）年。
[29] 新潟県・新田見太忠太『普通農事改良講話筆記』一八九九（明治二十九）年。

第Ⅰ章
[30] 田島弥平『養蚕新論』一八七二（明治五年）年：伊勢崎市教育委員会『境島村養蚕農家群調査中間報告書』二〇〇九年。

[31] 群馬県『群馬県蚕史業沿革調査書』一九〇三（明治三十六）年。
[32] 上野教育会編『船津伝次平翁伝』煥乎堂、一九〇七（明治四十）年。
[33] 大西伍一『日本老農伝』平凡社、一九三三年。
[34] 石井泰吉「船津伝次平の事績」『日本農業発達史』第四巻別編、中央公論社、一九五四年。
[35] 群馬県蚕糸業史編さん委員会『群馬県蚕糸業史』上、一九五五年。
[36] 大友農夫寿『郷土の人船津伝次平』富士見村郷土研究会、一九六三年。
[37] 石井泰吉『船津伝次平翁伝』船津伝次平翁功徳顕彰会・群馬県農業会議、一九六五年。
[38] 斎藤之男『日本農学史』農業総合研究所研究叢書第八三号、一九六八年。
[39] 加用信文『日本農法論』御茶の水書房、一九七二年。
[40] 熊代幸雄『比較農法論』御茶の水書房、一九七四年。
[41] 江島一浩「農業経営と農法論」『農法展開の論理』御茶の水書房、一九七五年。
[42] 永田恵十郎編著『空っ風農業の構造』日本経済評論社、一九八五年。
[43] 須々田黎吉「解題・船津甲部巡廻教師演説筆記」『明治農書全集』第二巻、農山漁村文化協会、一九八五年。
[44] 津谷好人「明治・大正期におけるドイツ農学の受容過程」宇都宮大学農学部学術報告特輯、第四五号、一九八七年。
[45] 岡光夫『日本農業技術史』ミネルヴァ書房、一九八八年。
[46] 柳井久雄『老農・船津伝次平』上毛新聞社、一九八九年。
[47] 田中修『稲麦・養蚕複合経営の史的展開』日本経済評論社、一九九〇年。
[48] 荒幡克己『明治農政と経営方式の形成過程』農林統計協会、一九九六年。
[49] 日本有機農業研究会『基礎講座　有機農業の技術』農山漁村文化協会、二〇〇九年。
[50] 内田和義『日本における近代農学の成立と伝統農法』農山漁村文化会、二〇一二年。
[51] 田中修「老農船津伝次平農法の研究」『群馬文化』群馬文化研究協議会、二〇一三年。

[52] 田中修『船津伝次平の「底破法」と畑二毛作論」『農業経営研究』日本農業経営学会、二〇一四年。

第Ⅱ章

[53] 江島一浩「地力培養技術の農業経営からの検討」『日本の地力』御茶の水書房、一九七六年。
[54] 江島一浩『農業経営』社団法人全国農業改良普及協会、一九八九年。
[55] 西村卓『「老農の時代」の技術と思想』ミネルヴァ書房、一九九七年。
[56] 日本有機農業研究会『有機農業ハンドブック』農山漁村文化協会、一九九九年。
[57] 内田和義「老農船津伝次平の稲作技術——明治一〇年代を中心に」『日本農業経済学会論文集』二〇〇〇年。
[58] 内田和義「老農船津伝次平の稲作技術——明治二〇年代を中心に」『日本農業経済学会論文集』二〇〇二年。
[59] アルブレヒト・テーア著、相川哲夫訳『合理的農業の原理』上・中・下、農文協、二〇〇七〜〇八年。
[60] 熊沢喜久雄「テーア「合理的農業の原理」における土壌・肥料」『肥料と科学』第三〇号、二〇〇八年。
[61] 田中修『食と農とスローフード』筑波書房、二〇一一年。
[62] 田中修「老農船津伝次平の農法の研究——特徴と性格」『農業経営研究』(五一)、二〇一三年。
[63] 中島紀一「土壌有機物の農業的意味」秀明自然農法ブックレット、二〇一五年。

第Ⅲ章

[64] 赤沢仁兵衛『実験甘藷栽培法』一九一二(明治四十五)年:『明治農書全集』四巻、農山漁村文化協会、一九八五年。
[65] 農業発達史調査会編『日本農業発達史』四、中央公論社、一九五四年。
[66] 農業発達史調査会編『日本農業発達史』五、中央公論社、一九五五年。
[67] 西山武一・熊代幸雄訳、賈思勰:『斉民要術』アジア経済出版会、一九六九年。
[68] 菱沼達也『私の農学概論』農山漁村文化協会、一九七三年、二九五〜三〇〇頁。

[69] 飯沼二郎「日本地産論解題」『明治大正農政経済名著集』二、農山漁村文化協会、一九七七年、三～二〇頁。
[70] 山田龍雄「解題」『明治農書全集・畑作』四、農山漁村文化協会、一九八五年、二八五～三二五頁。
[71] 岡島秀夫・志田容子訳、氾勝之著・石声漢編英訳『氾勝之書』農山漁村文化協会一九八六年、三九～四〇、七六頁。
[72] 石原邦『土壌資源の今日的役割と課題』大日本農会叢書、二〇〇八年。

第Ⅳ章

[73] 田島弥平『続養蚕新論』一八七七（明治十）年：伊勢崎市教育委員会『前掲書』[48]。
[74] 荘野修「養蚕の発達と日本農法」『農法展開の論理』農法研究会、御茶の水書房、一九七五年。
[75] 前橋市誌編さん委員会『前橋市史』三巻、一九七五年。同『前橋市史』五巻、一九八四年。
[76] 南澤吉三郎『栽桑学――基礎と応用』鳴鳳社出版、一九七六年。
[77] 全国養蚕組合連合会・蚕糸の光編・発行『新図解蚕業読本』、一九八二年。
[78] 宮沢鉄雄「栽桑」『群馬の養蚕』みやま文庫、一九八三年。
[79] 荘野修「桑栽培技術の史的展開と養蚕経営」『農業経営発展の理論』岩片磯雄教授退官記念出版編集委員会、養賢堂、一九八三年。
[80] 日本蚕糸学会『蚕糸学入門』大日本蚕糸会、一九九二年。
[81] 田中修「蚕糸業の技術革新と世界遺産田島弥平旧宅」『群馬文化』三二四号、二〇一五年。

第Ⅴ章

[82] 早川直瀬『養蚕労働経済論』同文館、一九二三年：『明治大正農政経済名著集』二三巻、農山漁村文化協会、一九七七年。
[83] 山田勝次郎『米と繭の経済構造』岩波書店、一九四二年。

あとがき

船津伝次平の研究で、船津本人が書いた著作はその殆どが非常に分かりやすく、明解である。また、船津が農談会等で語った筆記録である『農談筆記』や『巡回講話筆記』の大部分は話し言葉で分かりやすいが、所々に難解な部分、すなわち船津農法（＝初歩的農法論）について論じた部分があって、その部分の読解はなかなか困難である。

農学は、自然科学と社会科学の両面を包摂する専門分野であり、自然科学は反復して試験実証ができるが、社会科学は一過性のもので反復証明が出来ない。そのため社会科学は、方法的な理論と実践との統一性が厳密に問われるところである。

石井泰吉は『老農船津伝次平翁伝』（一九六五年）では、船津伝次平の科学的姿勢を高く評価して、その功績を正確に把握しようと努め、自然科学的実証性を試験方法や調査方法で具体的に指摘しているが、社会科学的な理論と実証についてはあまり言及していない。

船津は、当時、農談会等で全国の篤農家の農事に関する沢山の質問に、即時に明解に答えられる明断で博識な頭脳の持ち主であったが、特定の農書や思想に傾倒した形跡はなく、船津農法は殆どが自分自身や近在の農家の経験や実証の中から得られた経験的知識と整理された情報で、その確立を図ったと思われる。

大西伍一や斎藤之男が指摘しているように、この老農は多くの経験や実証により得られた知識を、理論的に整理して法則化しそれを一つの説としてまとめる習性があるからである。具体的な作物を例にまとめたものは「里芋栽培法」「養蚕の教」「稲作小言」などに代表されるが、これらは非常に分かりやすい。

このように船津の著作は一見分かりやすく、たとえば『里芋栽培法』では栽培のポイントを的確に説明しており、里芋栽培論としては完結しているので、うっかり重要なことを読み落してしまう。分かりやすさの背景にある「底破法」による深耕論や畑間作二毛作論、また慣行農法の浅耕性やその改良を含めた栽培法の内容まで、読み取ることはほとんど不可能に近い。

『養蚕の教』は、星野長太郎の紹介で出版されたと思われるが、糸繭用の蚕飼育法（清涼育）を簡潔に要点を分かりやすく解説した小冊子である。従来、船津の体系だった育蚕論については、殆ど紹介されていなかった。今回、岐阜県『農談筆記』上・下において、初めて船津の「養蚕法」（育蚕論・経営論・栽桑論）について、体系的に知る事が出来た。その養蚕法の特徴は、種繭用の蚕飼育法（清涼育）を解説した田島弥平の『養蚕新論』・『続・養蚕新論』や近代養蚕法の確立とされる高山社養蚕法「清温育」と比較してみると分かりやすい。

他方、やや抽象的な理論や概論、方法等を論じたものに「植物の変生の説」「底破法」「率性論」「温気論」「上根・下根の説」等がある。これらは難解で読解に困難な部分もあるが、そこには内在する確かな法則、変革と発展の論理があると考える。

小さい子供向けに「たくさんのふしぎ」という本があったが、身近で不思議な事柄を丁寧に分かりやすく解説している。柳井久雄先生は、船津の地元の原之郷小学校の校長先生をしている時に、毎日の朝礼で、船津が地元で農業をしながら作物を観察していた時の姿勢を分かりやすく解説し、子供達に「科学する心」を語っている。後に、それをまとめ『老農船津伝次平』（上毛新聞社）として出版物にしたときは、大人が読んでも納得するような沢山の資料を付けて、このことを証明・解説している。

若き日、船津は寺子屋の師匠の父から一通りの教養と読み書きを、また地域の学者相沢無萬から国学や俳句（俳号冬扇）等を学んだ。農業については家業の農業を手伝いながら学び、さまざまな技術改良を考案した。また「和算」（算学）に関しては、免許を得るため特別に修行に励んだ日々もあった。船津の論理性の確かなことは、このことからも裏付けられる。前橋藩時代の藩政改革での活躍、地租改正時での測量事務の確かで迅速なことも評判であった。駒場農学校の農場開拓も自ら陣頭指揮を執り短期間に見事に完成させた。当時の句に「駒場野やひらき残りにくつわ虫」がある。そこは、彼が得た在来農法の知見を実証しながら学生に論ずる新たな拠点になった。

船津は甲部巡回教師時代、「巡回講話」のため全国各地へ出張や視察を行う中で、農法変革のための効果的な手法を考察し、理論化を進め、人々の意識改革を説き、船津農法の確立を図ったものと思われる。

船津農法（初歩的農法論）では、水田農業（稲作）や畑作物一般、養蚕等の技術改良を説き、田畑二毛作、桑園管理法等の土地利用方式、経営方式の変革を論じ、小農集約的多品目経営や稲麦・養蚕複合経営を展望した。

船津は改革の必要性を「率性論」（「天命之謂性　率性之謂道」）や「植物の性質（変化）を了知する」と説明するが、ここでは科学を信頼した改革姿勢が強調されるが、他方、自然の力を農業に活かすことが重要であるとされていて科学の限界も良く知っていた。

船津農法から学ぶ姿勢として本著で有機農業視点を加えたことは、船津が自然を鋭く観察し、「自然（土質並に気候）を農業に活用する」ことを農業講話に掲げていたことからも、十分理解できる。しかし従来の船津研究者が、改革に注目するあまり、船津が自然の力を重視した点が見落とされがちであったと考える。

また、駒場農学校で外国人教師から欧米の先進技術や農学から学ぶ機会に触れながら、例えば、肥料の三要素（N・P・K）の説明等は意識改革に利用されたが、実際の農業・農事改革ではあまり活かされていない。しかし、「作物変化の要因」を分析し、土地利用方式や地力再生産機構、多角的経営方式を考察する船津の農法には、高度なレベルで西欧の農法・農学から学んでいることも否定できない（現時点では資料に基づく説明はできないが）。

船津の没後約一二〇年（一八九八年没、明治三十一年六月十五日）、今日でも、彼が語った『農談筆記』や『巡回講話筆記』から学ぶものは尽きない。近代日本農業・農学は、彼から始まっている。ここで、船津の功績を評価するとすれば、「近代日本農業・農学の父」と言っても過言ではないだろう。

今日、歴史を振り返って「船津を知れば、農業の未来が見える」と、著者は言いたい。

田中　修

二〇一七年十二月

著者略歴

田中　修（たなか　おさむ）

1946 年　群馬県生まれ

学歴・職歴

1976 年九州大学大学院博士課程修了（農政経済学）、農学博士

1976 年群馬県勤務、県農業試験場研究員、県農業試験場農業経営課長、県農林大学校農林学部長、県環境保全課長、県第一課長（企画課）、県農政課長、県民局長、県理事兼農業局長を経て、2007 年 3 月退職

2008 年 4 月～ 2011 年 3 月　特定非営利法人群馬県スローフード協会・理事長

現在　放送大学非常勤講師

○主要著書

自著『老農・船津伝次平の養蚕法』前橋学ブックレット 13（上毛新聞社）2017

自著『食と農とスローフード』（筑波書房）2011

自著『稲麦・養蚕複合経営の史的展開』（日本経済評論社）1990

共著『富岡製糸場と群馬の蚕糸業』髙崎経済大学地域科学研究所編（日本経済評論社）2016

共著『街道の日本史』16・峰岸純夫編（吉川弘文館）2002

分担執筆『新編髙崎市史』通史4（近現代・農業）2004

分担執筆『群馬県史』通史8（近現代・産業経済）1989

老農船津伝次平の農法変革論

2018年 1 月28日　第 1 版第 1 刷発行

著　者　田中　修

発行者　鶴見治彦

発行所　筑波書房

東京都新宿区神楽坂 2 − 19 銀鈴会館

〒162 − 0825

電話03（3267）8599

郵便振替00150 − 3 − 39715

http://www.tsukuba-shobo.co.jp

定価はカバーに表示してあります

印刷／製本　平河工業社

ISBN978-4-8119-0523-5 C3061